AF666920

ISOTOPENPRAXIS

21. JAHRGANG

1985

AKADEMIE-VERLAG BERLIN

ISOTOPENPRAXIS

begründet von J. Mühlenpfordt und C. F. Weiss

unter Mitwirkung von M. F. Abdel-Wahab, Khartum · O. Charamza, Olomouc · Z. Dienstbier, Praha · L. Herforth, Dresden · V. K. Iya, Bombay · W. Kodjukow, Moskau · M. Melnikowa, Leningrad · V. Mercea, Cluj · R. Münze, Rossendorf · S. Muždeka, Beograd · M. Radwan, Swierk · A. I. Schatenstein, Moskau · H. R. Schütte, Halle · P. Têtényi, Budapest · K. Unger, Quedlinburg · S. Varga, Bratislava · G. Vormum, Berlin

REDAKTIONSAUSSCHUSS: H.-J. Altenbrunn, Berlin · E. Becker, Magdeburg · W. Dietzsch, Dresden · D. Herrmann, Berlin · J. Holzhey, Freiberg · H. Hübner, Leipzig (Chefredakteur) · K. Irmer, Dresden · P. Krumbiegel, Leipzig · P. Mühl, Dresden · S. Niese, Rossendorf · R. Otto, Leipzig · U. Prösch, Berlin · G. Reinhard, Dresden · H. Scheel, Berlin · K. Wagner, Berlin

Verantwortlicher Redakteur: Frau H. Neumann, Berlin

An unsere Autoren

Die Zeitschrift veröffentlicht Beiträge zu folgenden Themen: Kontrolle und Analyse radioaktiver und stabiler Isotope, Anwendung radioaktiver und stabiler Isotope in allen Gebieten der Forschung und Technik, der Industrie, Landwirtschaft und Medizin, Herstellung radioaktiver und stabiler Isotope sowie von markierten Verbindungen, kernelektronische Geräte für die Isotopenanwendung (Dickenmesser, Dichtemesser u. ä.) Detektoren für isotopentechnische Arbeiten und den Strahlenschutz in Isotopenlaboratorien, Meßtechnik und Strahlenschutz, Dosimetrie in Isotopenlaboratorien, kerntechnische Geräte für die Isotopenanwendung (Beton, Bestrahlungsanlagen u. ä.), Strahlenchemie, Radiochemie, ökonomische und perspektivische Fragen, Fragen der Weiterbildung.

1. Aufnahme von Manuskripten

Zur Veröffentlichung angenommen werden nur druckreife, noch nicht anderweitig publizierte Beiträge in deutscher, englischer oder russischer Sprache zum Themenbereich der Zeitschrift und zwar

Originalarbeiten
Kurze Mitteilungen
Aus der Praxis
Zusammenfassende Berichte
Tagungsberichte
Informationen.

Sind der Beitrag oder Teile daraus bereits veröffentlicht oder ist eine anderweitige Veröffentlichung vorgesehen, so muß dies der Redaktion mit genauer Angabe der Zweitveröffentlichung mitgeteilt werden. Mit der Annahme des Manuskriptes behält sich der Verlag das Recht der Vervielfältigung, Verbreitung und Übersetzung innerhalb der gesetzlichen Schutzfrist vor. Auszugsweiser Nachdruck oder photomechanische u. a. Wiedergabe sind an eine schriftliche Genehmigung des Verlages gebunden. Manuskripte, Zeichnungen und Photos von veröffentlichten Arbeiten werden nur auf den besonderen und bis zum Zeitpunkt der Veröffentlichung mitgeteilten Wunsch des Autors zurückgesandt.
Bei der unverlangten Einreichung von Manuskripten wird empfohlen, eine Befürwortung eines der Herausgeber oder Redaktionsausschußmitglieder beizufügen.
Manuskripte sind einzureichen bei der Redaktion, 1086 Berlin, Leipziger Str. 3–4.

2. Form der Manuskripte

Die Autoren werden gebeten:
2 Manuskripte, eines davon in Original-Maschinenschrift, einseitig und mit 2zeiligem Abstand einzureichen; gut leserliche Photokopien sind zulässig; auf dem 1. Blatt (unter Weglassung der Bezeichnung)
den Titel der Arbeit
Vorname-Initialen und Namen sämtlicher Autoren
gegebenenfalls die Institution, in der sie tätig sind
eine kurze Zusammenfassung der Arbeit von höchstens 15 Zeilen
Keywords in alphabetischer Reihenfolge und
als Fußnote die Anschrift der Institution anzugeben;
wenn möglich, auf gesonderten Blättern Namen, Titel der Arbeit und Zusammenfassung in den beiden anderen obengenannten Sprachen 2fach beizufügen;
Literaturhinweise (fortlaufend numeriert), Fußnoten, Tabellen, Abbildungen im 2–3facher Veröffentlichungsgröße), Abbildungsunterschriften (getrennt von den Abbildungen mit Zeichenerklärungen, Quellenangaben, falls erforderlich, und gegebenenfalls mit einem Vermerk für besondere Wünsche bezüglich der Abbildungsgröße), private und Dienstanschrift der Verfasser mit akademischen Titeln und ausgeschriebenen Vornamen auf besonderen Blättern ans Ende des Manuskriptes zu stellen;
Wünsche für den Kolumnentitel (Seitenüberschrift) bekanntzugeben;
Absätze durch Einzüge von mindestens 3 Anschlägen kenntlich zu machen;
die Maßeinheiten des SI-Systems („Systeme International") zu verwenden;
Korrekturen im Manuskript unmittelbar an der zu korrigierenden Stelle anzubringen;

Formeln deutlich lesbar und möglichst groß einzutragen;
Farbabbildungen und nachträgliche Änderungen oder Ergänzungen in Abbildungen zu vermeiden;

hervorzuhebende Textstellen zu unterstreichen, und zwar halbfetten Satz mit einer geraden schwarzen Linie, kursiven Satz (Schrägschrift) mit einer blauen Wellenlinie (alle Eigennamen), Sperrungen gestrichelt;
besondere Buchstaben durch farbige Unterstreichung zu kennzeichnen, und zwar Formelzeichen in

Griechisch-Kursiv ($\alpha, \beta, \ldots$) rot,
Kursiv ($A, B, \ldots$) blau
halbfetter Kursiv ($\boldsymbol{A}, \boldsymbol{B}, \ldots$) 2 Linien blau (Vektoren),
halbfetter Grotesk ($\mathbf{A}, \mathbf{B}, \ldots$) 2 Linien violett (Tensoren);

bei Literaturangaben auf Vollständigkeit zu achten. In nachstehender Reihenfolge müssen angegeben sein:

a) bei *Zeitschriften*: Vorname-Initialen und Namen sämtlicher Autoren, Titel der Zeitschrift (nach „Periodica Chimica" oder möglichst wenig gekürzt), Bandnummer (unterstrichen), Jahreszahl (in Klammern) Heftnummer (nur bei Zeitschriften, die jedes Heft mit S. 1 beginnen) sowie die Seitenzahl, auf der die zitierte Arbeit beginnt.

b) bei *Büchern*: Initialen der Vornamen und Name des Autors (Herausgeber werden durch den Zusatz „ed." gekennzeichnet), voll ausgeschriebener Titel des Buches in der Originalsprache, evtl. Bandnummer, voll ausgeschriebener Name des Verlages, Nummer der Auflage (außer der ersten), Erscheinungsort(e), Erscheinungsjahr (hier nicht in Klammern setzen!) und evtl. Kapitelnummer, Seitenzahl u. ä.

c) bei *Sammelbänden, Tagungsberichten*: Es soll zusätzlich der Titel des zitierten Beitrages angegeben werden. Die Seitenzahl muß unbedingt angegeben werden. Aus dem Zitat muß hervorgehen, ob es sich um einen Tagungssammelband oder um einen noch nicht veröffentlichten Vortrag handelt. Zwischen Tagungsort und Erscheinungsort des entsprechenden Tagungsberichts ist zu unterscheiden.

3. Korrekturen

Der Autor erhält zwei Umbruchabzüge, von denen einer möglichst schnell korrigiert an die Redaktion zurückgereicht werden soll. Auf Wunsch des Autors kann die Korrektur auch von der Redaktion gelesen werden.

Durch nachträgliche Manuskriptänderungen verursachte Korrekturkosten gehen, sofern sie 10% der Satzkosten übersteigen, zu Lasten des Autors.

Der Autor erhält 50 Sonderdrucke kostenlos. Weitere Sonderdrucke können bis zur Rückgabe der Korrekturabzüge auf Kosten des Autors bei der Redaktion bestellt werden.

Bezugsmöglichkeiten

Bestellungen sind zu richten

- **in der DDR** an den Postzeitungsvertieb unter Angabe der Kundennummer des Bestellenden oder an den AKADEMIE-VERLAG BERLIN, DDR-1086 Berlin, Leipziger Straße 3–4, PF-Nr. 1233;
- **im sozialistischen Ausland** an eine Buchhandlung für fremdsprachige Literatur oder an den zuständigen Postzeitungsvertrieb;
- **in der BRD und Berlin(West)** an eine Buchhandlung oder an die Auslieferungsstelle KUNST UND WISSEN, Erich Bieber OHG, Wilhelmstraße 4–6, D-7000 Stuttgart 1;
- **in den übrigen westeuropäischen Ländern** an eine Buchhandlung oder an die Auslieferungsstelle KUNST UND WISSEN, Erich Bieber GmbH, General Wille-Str. 4, CH-8002 Zürich;
- **im übrigen Ausland** an den Internationalen Buch- und Zeitschriftenhandel; den Buchexport Volkseigener Außenhandelsbetrieb der Deutschen Demokratischen Republik, DDR-7010 Leipzig, Postfach 160; oder an den AKADEMIE-VERLAG BERLIN, DDR-1086 Berlin, Leipziger Straße 3–4.

Zeitschrift „Isotopenpraxis"
Herausgeber: Zentralinstitut für Isotopen- und Strahlenforschung der Akademie der Wissenschaften der DDR.
Verlag: Akademie-Verlag Berlin, DDR-1086 Berlin, Leipziger Straße 3–4, PF-Nr.1233; Fernruf: 2236221 oder 2236229; Telex-Nr.: 114420;
Bank: Staatsbank der DDR, Berlin, Kto.-Nr.: 6836-26-20712.
Chefredakteur: Prof. Dr. H. Hübner, Leipzig.
Anschrift der Redaktion der Zeitschrift Isotopenpraxis: Prof. Dr. H. Hübner, DDR-7010 Leipzig, Karl-Marx-Platz, Hauptpostamt, PSF 370; Fernruf: 281018.
Veröffentlicht unter der Lizenznummer 1527 des Presseamtes beim Vorsitzenden des Ministerrates der Deutschen Demokratischen Republik.
Gesamtherstellung: VEB Druckerei „Thomas Müntzer", DDR-5820 Bad Langensalza.
Erscheinungsweise: Die Zeitschrift „Isotopenpraxis" erscheint monatlich. Die 12 Hefte eines Jahrganges bilden einen Band. Bezugspreis je Band 240,— DM zuzüglich Versandspesen; Preis je Heft 20,— DM. Der gültige Jahresbezugspreis für die DDR ist der Postzeitungsliste zu entnehmen.
Bestellnummer dieses Bandes: 1079/21.
© 1986 by Akademie-Verlag Berlin. Printed in the German Democratic Republic.
AN (EDV) 12831

Autoren- und Inhaltsverzeichnis

T

U

V

W

Y

Z

Buchbesprechungen:

Tagungsberichte:

Sachverzeichnis

(nach Keywords)

A

G

T

Band 21 · Januar 1985

1

isotopenpraxis

AKADEMIE-VERLAG

ISSN 0021-1915 Isotopenpraxis, Berlin 21 (1985) 1, 1–36

EVP 9,– M

ISOTOPENPRAXIS

herausgegeben von J. Mühlenpfordt, Berlin

unter Mitwirkung von M. F. Abdel-Wahab, Khartum · O. Charamza, Olomouc · Z. Dienstbier, Praha · L. Herforth, Dresden · V. K. Iya, Bombay · W. Kodjukow, Moskau · M. Melnikowa, Leningrad · V. Mercea, Cluj · R. Münze, Rossendorf · S. Muždeka, Beograd · M. Radwan, Swierk · A. I. Schatenstein, Moskau · H. R. Schütte, Halle · P. Têtényi, Budapest · K. Unger, Quedlinburg · S. Varga, Bratislava · G. Vormum, Berlin

REDAKTIONSAUSSCHUSS: H.-J. Altenbrunn, Berlin · E. Becker, Magdeburg · W. Dietzsch, Dresden · D. Herrmann, Berlin · J. Holzhey, Freiberg · H. Hübner, Leipzig · K. Irmer, Dresden · P. Krumbiegel, Leipzig · P. Mühl, Dresden · S. Niese, Rossendorf · R. Otto, Leipzig · U. Prösch, Berlin · G. Reinhard, Dresden · H. Scheel, Berlin · K. Wagner, Berlin

REDAKTIONSSEKRETÄR: Frau H. Neumann, Berlin

An unsere Autoren

Die Zeitschrift veröffentlicht Beiträge zu folgenden Themen: Kontrolle und Analyse radioaktiver und stabiler Isotope, Anwendung radioaktiver und stabiler Isotope in allen Gebieten der Forschung und Technik, der Industrie, Landwirtschaft und Medizin, Herstellung radioaktiver und stabiler Isotopen sowie von markierten Verbindungen, kernelektronische Geräte für die Isotopenanwendung (Dickenmesser, Dichtemesser u. ä.) Detektoren für isotopentechnische Arbeiten und den Strahlenschutz in Isotopenlaboratorien, Meßtechnik und Strahlenschutz, Dosimetrie in Isotopenlaboratorien, kerntechnische Geräte für die Isotopenanwendung (Beton, Bestrahlungsanlagen u. ä.), Strahlenchemie, Radiochemie, ökonomische und perspektivische Fragen, Fragen der Weiterbildung.

1. Aufnahme von Manuskripten

Zur Veröffentlichung angenommen werden nur druckreife, noch nicht anderweitig publizierte Beiträge in deutscher, englischer oder russischer Sprache zum Themenbereich der Zeitschrift und zwar

Originalarbeiten
Kurze Mitteilungen
Aus der Praxis
Zusammenfassende Berichte
Tagungsberichte
Informationen.

Sind der Beitrag oder Teile daraus bereits veröffentlicht oder ist eine anderweitige Veröffentlichung vorgesehen, so muß dies der Redaktion mit genauer Angabe der Zweitveröffentlichung mitgeteilt werden. Mit der Annahme des Manuskriptes behält sich der Verlag das Recht der Vervielfältigung, Verbreitung und Übersetzung innerhalb der gesetzlichen Schutzfrist vor. Auszugsweiser Nachdruck oder photomechanische u. a. Wiedergabe sind an eine schriftliche Genehmigung des Verlages gebunden. Manuskripte, Zeichnungen und Photos von veröffentlichten Arbeiten werden nur auf den besonderen und bis zum Zeitpunkt der Veröffentlichung mitgeteilten Wunsch des Autors zurückgesandt.
Bei der unverlangten Einreichung von Manuskripten wird empfohlen, eine Befürwortung eines der Herausgeber oder Redaktionsausschußmitglieder beizufügen.
Manuskripte sind einzureichen bei der Redaktion, 1086 Berlin Leipziger Str. 3–4.

2. Form der Manuskripte

Die Autoren werden gebeten:
2 Manuskripte, eines davon in Original-Maschinenschrift, einseitig und mit 2zeiligem Abstand einzureichen; gut leserliche Photokopien sind zulässig; auf dem 1. Blatt (unter Weglassung der Bezeichnung)
den Titel der Arbeit
Vorname-Initialen und Namen sämtlicher Autoren
gegebenenfalls die Institution, in der sie tätig sind
eine kurze Zusammenfassung der Arbeit von höchstens 15 Zeilen
Keywords in alphabetischer Reihenfolge und
als Fußnote die Anschrift der Institution anzugeben;
wenn möglich, auf gesonderten Blättern Namen, Titel der Arbeit und Zusammenfassung in den beiden anderen obengenannten Sprachen 2fach beizufügen;
Literaturhinweise (fortlaufend numeriert), Fußnoten, Tabellen, Abbildungen (in 2–3facher Veröffentlichungsgröße), Abbildungsunterschriften (getrennt von den Abbildungen mit Zeichenerklärungen, Quellenangaben, falls erforderlich, und gegebenenfalls mit einem Vermerk für besondere Wünsche bezüglich der Abbildungsgröße), private und Dienstanschrift der Verfasser mit akademischen Titeln und ausgeschriebenen Vornamen auf besonderen Blättern ans Ende des Manuskriptes zu stellen;
Wünsche für den Kolumnentitel (Seitenüberschrift) bekanntzugeben;
Absätze durch Einzüge von mindestens 3 Anschlägen kenntlich zu machen; die Maßeinheiten des SI-Systems („Systeme International") zu verwenden; Korrekturen im Manuskript unmittelbar an der zu korrigierenden Stelle anzubringen;
Formeln deutlich lesbar und möglichst groß einzutragen;
Farbabbildungen und nachträgliche Änderungen oder Ergänzungen in Abbildungen zu vermeiden;
hervorzuhebende Textstellen zu unterstreichen, und zwar halbfetten Satz mit einer geraden schwarzen Linie, kursiven Satz (Schrägschrift) mit einer blauen Wellenlinie (alle Eigennamen). Sperrungen gestrichelt;
besondere Buchstaben durch farbige Unterstreichung zu kennzeichnen, und zwar Formelzeichen in
Griechisch-Kursiv ($\alpha, \beta, \ldots$) rot,
Kursiv ($A, B, \ldots$) blau
halbfetter Kursiv ($\boldsymbol{A}, \boldsymbol{B}, \ldots$) 2 Linien blau (Vektoren),
halbfetter Grotesk ($\mathbf{A}, \mathbf{B}, \ldots$) 2 Linien violett (Tensoren);
bei Literaturangaben auf Vollständigkeit zu achten. In nachstehender Reihenfolge müssen angegeben sein:

a) bei *Zeitschriften*: Vorname-Initialen und Namen sämtlicher Autoren, Titel der Zeitschrift (nach „Periodica Chimica" oder möglichst wenig gekürzt), Bandnummer (unterstrichen), Jahreszahl (in Klammern), Heftnummer (nur bei Zeitschriften, die jedes Heft mit S.1 beginnen) sowie die Seitenzahl, auf der die zitierte Arbeit beginnt.

b) bei *Büchern*: Initialen der Vornamen und Name des Autors (Herausgeber werden durch den Zusatz „ed." gekennzeichnet), voll ausgeschriebener Titel des Buches in der Originalsprache, evtl. Bandnummer, voll ausgeschriebener Name des Verlages, Nummer der Auflage (außer der ersten), Erscheinungsort(e), Erscheinungsjahr (hier nicht in Klammern setzen!) und evtl. Kapitelnummer, Seitenzahl u. ä.

c) bei *Sammelbänden, Tagungsberichten*: Es soll zusätzlich der Titel des zitierten Beitrags angegeben werden. Die Seitenzahl muß unbedingt angegeben werden. Aus dem Zitat muß hervorgehen, ob es sich um einen Tagungssammelband oder um einen noch nicht veröffentlichten Vortrag handelt. Zwischen Tagungsort und Erscheinungsort des entsprechenden Tagungsberichts ist zu unterscheiden.

3. Korrekturen

Der Autor erhält zwei Umbruchabzüge, von denen einer möglichst schnell korrigiert an die Redaktion zurückgereicht werden soll. Auf Wunsch des Autors kann die Korrektur auch von der Redaktion gelesen werden.

Durch nachträgliche Manuskriptänderungen verursachte Korrekturkosten gehen, sofern sie 10% der Satzkosten übersteigen, zu Lasten des Autors.

Der Autor erhält 50 Sonderdrucke kostenlos. Weitere Sonderdrucke können bis zur Rückgabe der Korrekturabzüge auf Kosten des Autors bei der Redaktion bestellt werden.

Bezugsmöglichkeiten

Bestellungen sind zu richten

- in der DDR an den Postzeitungsvertrieb unter Angabe der Kundennummer des Bestellenden oder an den AKADEMIE-VERLAG, DDR-1086 Berlin, Leipziger Straße 3–4, PF-Nr. 1233;
- im sozialistischen Ausland an eine Buchhandlung für fremdsprachige Literatur oder an den zuständigen Postzeitungsvertrieb;
- in der BRD und Berlin(West) an eine Buchhandlung oder an die Auslieferungsstelle KUNST UND WISSEN, Erich Bieber OHG, Wilhelmstraße 4–6, D-7000 Stuttgart 1;
- in den übrigen westeuropäischen Ländern an eine Buchhandlung oder an die Auslieferungsstelle KUNST UND WISSEN, Erich Bieber GmbH, Dufourstraße 51, CH-8008 Zürich;
- im übrigen Ausland an den Internationalen Buch- und Zeitschriftenhandel; den Buchexport Volkseigener Außenhandelsbetrieb der Deutschen Demokratischen Republik, DDR-7010 Leipzig, Postfach 160; oder an den AKADEMIE-VERLAG, DDR-108 Berlin, Leipziger Straße 3–4.

Zeitschrift „Isotopenpraxis"

Herausgeber: Im Auftrag des Akademie-Verlages herausgegeben von Prof. Dr. Justus Mühlenpfordt.
Verlag: Akademie-Verlag, DDR-1086 Berlin, Leipziger Straße 3–4, PF-Nr. 1233; Fernruf: 2236221 oder 2236229; Telex-Nr.: 114420;
Bank: Staatsbank der DDR, Berlin, Kto.-Nr.: 6836-26-20712.
Verantwortlich für den Inhalt des Heftes: Prof. Dr. H. Hübner, Leipzig.
Anschrift der Redaktion (Fernruf Frau H. Schier: 6351177) der Zeitschrift Isotopenpraxis: Akademie-Verlag, DDR-1086 Berlin, Leipziger Str. 3–4, PF-Nr. 1233
Veröffentlicht unter der Lizenznummer 1527 des Presseamtes beim Vorsitzenden des Ministerrates der Deutschen Demokratischen Republik.
Gesamtherstellung: VEB Druckerei „Thomas Müntzer", DDR-5820 Bad Langensalza.
Erscheinungsweise: Die Zeitschrift „Isotopenpraxis" erscheint monatlich. Die 12 Hefte eines Jahrganges bilden einen Band. Bezugspreis je Band 240,— M zuzüglich Versandspesen; Preis je Heft 20,— M.
Bestellnummer dieses Heftes: 1079/21/1.
© 1985 by Akademie-Verlag Berlin. Printed in the German Democratic Republic.
AN (EDV) 12831

Isotopenpraxis 21 (1985) 1, S. 1 bis 4

Untersuchung der Katalysatorbewegung in Wirbelbettreaktoren durch den Einsatz von Radiotracern

R. Burkert[1]), P. Opitz[1]), R. Russow[1]), W. Schütze[2])

([1]) VEB „Otto Grotewohl" Böhlen; [2]) PCK Schwedt)

In einem Gas-Feststoff-Wirbelbettreaktor wurde die Feststoffbewegung mittels Einsatz von ^{24}Na- bzw. ^{140}La-markiertem Katalysator untersucht. Aus dem Katalysatorkorngrößenspektrum waren dazu verschiedene Korngrößenfraktionen ausgewählt worden, deren Verteilung im Wirbelbett in Abhängigkeit vom Produktdurchsatz nachgewiesen werden sollte. Erläutert werden das Markierungsverfahren, die Injektionsvorrichtung, die elektronische Meßtechnik und das Versuchsregime sowie die zu berücksichtigenden strahlenschutztechnischen Gesichtspunkte für diese Untersuchungen. Anschließend erfolgt eine kurze Darstellung des prinzipiellen Vorgehens bei der Auswertung der Meßergebnisse am Beispiel von zwei ausgewählten Meßstellen und der dabei auftretenden Probleme.

In a gas-solid fluidized bed reactor the movement of the solids was investigated using ^{24}Na- and ^{140}La-marked catalyst, resp. For this purpose different grain size fractions were selected from the catalyst size spectrum and their distributions in the fluidized bed were determined as a function of the product throughput. The marking procedure, the injection device, the electronic measurement technique, the test regime as well as the aspects of health physics to be considered for these investigations are discussed. Then a short description of the general procedure of the evaluation of the measuring results by means of two selected measuring points and of the encountered problems is given.

Keywords

catalysts; chemical industry; fluidized beds; lanthanum 140; sodium 24; tracer techniques

1. Problemstellung

In der modernen chemischen Technologie gewinnt das Wirbelschichtprinzip als Mittel zur Intensivierung chemischer Prozesse, insbesondere solcher mit heterogenkatalysierten Reaktionen, immer mehr an Bedeutung. Da die Gas-Feststoff-Wirbelschichtreaktoren fast ausschließlich im Gebiet der blasenbildenden Wirbelschicht betrieben werden, sind die Strömungszustände infolge Inhomogenitäten sehr kompliziert und ohne experimentelle Untersuchungen schwer beschreibbar. Für den optimalen Betrieb eines Wirbelschichtreaktors spielen sowohl Strömungsgeschwindigkeit und Verweilzeitverteilung der fluiden Phase als auch die Abmessungen des Feststoffkornes und dessen Verteilung im Reaktorvolumen eine große Rolle. Für die in situ-Untersuchung zur Bestimmung dieser Faktoren und der daraus abzuleitenden Kenngrößen bietet sich die radioaktive Tracertechnik als Methode der Wahl an.

Es wurde daher zunächst eine Untersuchungsmethodik für die Verteilung der Gasphase in Wirbelschichtreaktoren mittels ^{133m}Xe entwickelt und diese an technischen Reaktoren mit verschiedenen Gasdurchsätzen erprobt [1].

Es bestand die Aufgabe, den Einfluß der Katalysatorkorngröße und des Durchsatzes auf den Aufbau des Wirbelbettes im Gas-Feststoff-Reaktor zu untersuchen. Lagen für den Einsatz von ^{133m}Xe zur Markierung der Gasphase bereits Erfahrungen vor [2, 3], so waren zur Entwicklung einer großtechnisch anwendbaren Methode für die Untersuchung der Katalysatorbewegung und -verteilung noch wichtige Teilprobleme wie Katalysatormarkierung, Injektion des radioaktiven Tracers und die mathematische Auswertung der Meßergebnisse zu lösen. Nachfolgend soll über die erarbeitete und großtechnisch erprobte Problemlösung berichtet werden.

Anschriften: [1]) 7202 Böhlen, F 12155; [2]) 133 Schwedt, FEP

2. Untersuchungsmethodik

2.1. Tracerauswahl und Markierung des Katalysators

Unter dem Gesichtspunkt eines Einsatzes von markiertem Katalysator in großtechnischen Wirbelbettreaktoren sind an das zu verwendende Radionuklid folgende Forderungen zu stellen:

- geringe Radiotoxizität, einschließlich kurzer Halbwertszeit
- hohe γ-Energie
- stabile Fixierung des Nuklids auf dem Katalysator.

Insbesondere im Hinblick auf die letzte Bedingung haben sich beispielsweise für das Katalysatorgrundsystem Mo_2O_3/SiO_2 ^{24}Na und ^{140}La als geeignet erwiesen (vgl. Tab. 1).

Tab. 1. Relevante Eigenschaften für ^{24}Na und ^{140}La

	^{24}Na	^{140}La
Halbwertszeit, h	15	40,2
γ-Energie, MeV	1,36 – 2,75	0,33 – 1,6
Halbwertsdicke für den Katalysator, cm	43	36
Radiotoxizitätsgruppe	3	3
MZK Trinkwasser, Bq/cm³	0,3	0,25

Das Aufbringen der Tracer erfolgt durch Tränken des Katalysators mit einer wäßrigen Lösung der Nitrate der genannten Elemente. Durch Vortrocknen bei 150 °C und Glühen bei 700 °C bilden sich feste Oberflächenverbindungen auf dem Katalysator, die eine hinreichende Fixierung des Tracers gewährleisten, wie in mechanischen Abriebversuchen nachgewiesen werden konnte. Für die radioaktive Markierung selbst bieten sich 2 Varianten an:

1. Tränkung des Katalysators mit $NaNO_3$-^{24}Na bzw. $La(NO_3)_3$-^{140}La Lösung entsprechender Aktivitätskonzentration und Fixierung wie oben angegeben.
2. Präparierung des Katalysators in der bereits beschriebenen Weise mit inaktiven Tracern und anschließender Neutronenaktivierung im Kernreaktor.

Die erste Variante ist für kleine Einsatzaktivitäten geeignet ($\leqq$ 0,4 GBq). Sie wurde wiederholt für Voruntersuchungen in Labor- und Technikumsreaktoren angewandt, wo eine große Anzahl von Tracer-(Katalysator-)Injektionen mit verschiedenen Aktivitäten erforderlich waren.

Für tracertechnische Messungen an Betriebsreaktoren sind Aktivitätseinsätze von 4—30 GBq notwendig.

Eine Markierung des Katalysators in dieser Weise unter ungünstigen strahlenschutztechnischen Bedingungen, wie sie am Standort des zu untersuchenden Objekts angetroffen werden, erscheint nicht mehr geraten (vgl. Pkt. 2.4.). Es wurde deshalb für die im folgenden beschriebenen Untersuchungen die Variante 2 gewählt.

Bei der Einschätzung der Strahlenschutzsituation ist außerdem zu berücksichtigen, daß das Katalysatorgrundsystem auch noch weitere aktivierbare Elemente enthält.

So entsteht bei einer 10-h-Aktivierung von 1 g Katalysator mit einem Neutronenfluß von 10^{13} n/s · cm² eine Gesamtaktivität von 466 MBq mit einem Anteil von 11 MBq/g an langlebigen Isotopen ($t_{1/2} > 45$ d). Die für den Einsatz an einem großtechnischen Wirbelbettreaktor benötigte spezifische Aktivität beträgt 7,5 GBq/g. Entsprechend war der Katalysator mit inaktivem Na bzw. La zu präparieren und dann 0,5—4 g dieses Katalysators je nach Aktivitätsbedarf ($\sim$ 4—30 GBq) in Quarzampullen einzuschmelzen und im Kernreaktor zu aktivieren.

Da die entstehende Aktivität für jeweils eine Injektion berechnet wurde, konnte ohne weitere Chargierung jede aktivierte Ampulle sofort eingesetzt werden.

2.2. *Tracerinjektion*

Die aktivierten, doppelwandigen Quarzampullen sind visuell auf Dichtigkeit zu prüfen, die äußeren Ampullen vorsichtig zu entfernen und in eine speziell angefertigte Zertrümmerungs- und Dosierapparatur für feinkörnige Feststoffe einzulegen. Im Prinzipschema (Abb. 1) ist dargestellt, wie über den 4-Lochflansch 1 mit der Stopfbuchse 2 das Ermetorohr 3 so in die Luftleitung eingeschoben wird, daß die markierten Katalysatorpartikel direkt in die Mitte des Geschwindigkeitsprofils des Luftstromes und mit diesem in das Wirbelbett gelangen. Mit Hilfe von Inertgas erfolgt bei entsprechendem Überdruck (10facher Anlagendruck) und der Freigabe des gesamten Rohrquerschnittes durch den Preßluftkükenhahn 4 die Injektion, nachdem zuvor durch Absenken der Druckplatte 7 mittels Spindel die Quarzampulle 8 zerdrückt und der Inhalt freigesetzt worden war. Der Siebeinsatz 6 verhindert ein Verschleppen der Glassplitter aus der Apparatur.

Die einzusetzende Aktivitätsmenge ist so zu berechnen, daß an allen Meßstellen gut auswertbare Signale registriert werden können. Die Zeitdauer der Zugabe des radioaktiv markierten Katalysators soll im Bruchteil einer Sekunde quantitativ erfolgen, damit das Eingangssignal als eine *Dirac*-Deltafunktion betrachtet werden kann. Diese Methode der Injektion hat sich übrigens bei der Dosierung von Feststoffpartikeln allgemein sehr bewährt.

2.3. *Versuchsablauf und Meßtechnik*

Grundvoraussetzung für eine reproduzierbare Versuchsdurchführung ist eine konstante Reaktorfahrweise, die weitestgehend realisiert werden konnte. Aus dem gesamten Kornverteilungsspektrum des eingesetzten Katalysators wurden eine Grobkorn- und eine Feinkorncharge ausgesiebt, aktiviert und der im Reaktor enthaltenen Gesamtkatalysatormenge mit der oben beschriebenen Injektionstechnik nacheinander zugesetzt. Jede Messung wurde zweimal wiederholt. Da der dosierte aktive Katalysator im wesentlichen im Reaktor verbleibt, mußte für die Wiederholungen jeweils die doppelte Aktivitätsmenge des vorangegangenen Versuches injiziert werden, um das Verhältnis Meßeffekt/Untergrund etwa konstant zu halten. Nach Abschluß der Injektionen und dem Erreichen eines konstanten Aktivitätsniveaus (vollständige Durchmischung) im Wirbelbett wurden Belastungsvariationen derart durchgeführt, daß der Reaktor sowohl mit sehr hohem als auch sehr niedrigem Durchsatz betrieben worden ist.

Die sich dabei einstellenden neuen Katalysatorverteilungen drücken sich in einer proportionalen Änderung der von den Detektoren registrierten Strahlungsintensität aus.

Besondere Vorkehrungen waren bei der Anbringung der Szintillationsmeßsonden in unmittelbarer Nähe der Reaktoraußenwände zu treffen. Die in Bleiabschirmungen untergebrachten Meßsonden mußten durch eine intensive Kühlung mit Preßluft und einer zusätzlichen Isolation mit Wärmedämmstoffen vor Wärmestrahlung geschützt werden (Reaktoraußenwandtemperaturen ca. 200 °C).

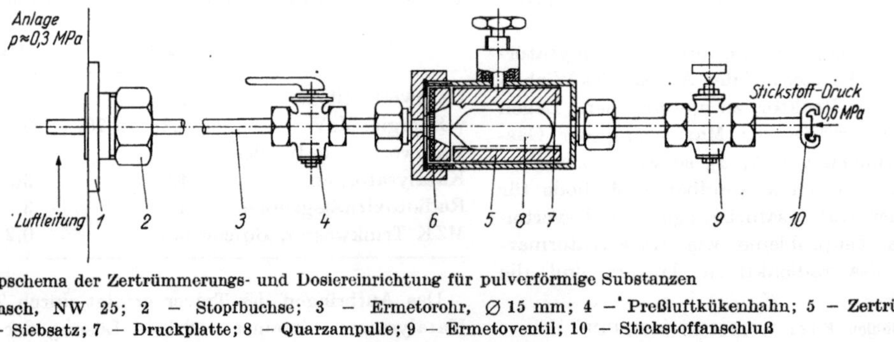

Abb. 1. Prinzipschema der Zertrümmerungs- und Dosiereinrichtung für pulverförmige Substanzen

1 — 4-Lochflansch, NW 25; 2 — Stopfbuchse; 3 — Ermetorohr, Ø 15 mm; 4 — Preßluftkükenhahn; 5 — Zertrümmerungs- und Dosierapparatur; 6 — Siebsatz; 7 — Druckplatte; 8 — Quarzampulle; 9 — Ermetoventil; 10 — Stickstoffanschluß

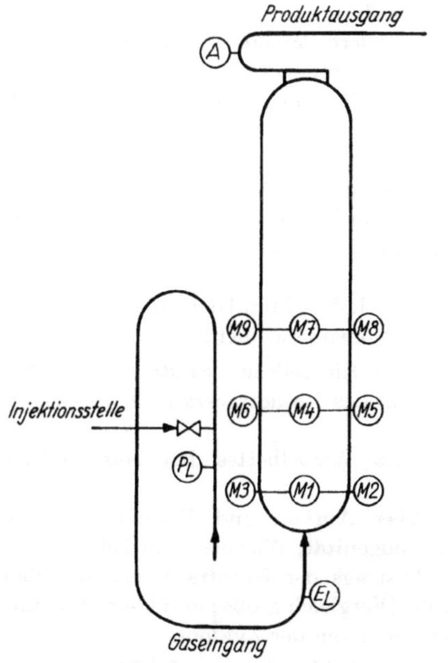

Abb. 2. Anordnung der Injektions- und Meßstellen bei Untersuchungen am Wirbelschichtreaktor

Bei einer geeigneten Anordnung der Meßstellen an den Reaktoraußenwänden in den verschiedenen horizontalen und vertikalen Ebenen (s. Abb. 2) lassen sich die Strömungsvorgänge auch im Inneren der Apparate (Eindringtiefe ca. 1,2 m) bedingt erfassen.

Die Aufnahme der Meßsignale erfolgte mit einer mobilen Meßwerterfassungsanlage (Meßwagen), in welchem sich die erforderlichen technischen Einrichtungen zur Verarbeitung und Abspeicherung des Meßsignals und der Steuerung des Versuchsablaufes befinden. Da die Aufzeichnung der Meßsignale auf ein 8-Spur-Magnetband erfolgt und eine Pilotspur für Synchronisations- und Steuerzwecke benötigt wird, stehen 7 Aufzeichnungsspuren für 7 Meßdetektoren zur Verfügung.

Das Meßsignal jeder Meßsonde, welches über je ein Signalkabel in den Meßwagen gelangt, wird dort zunächst verstärkt und in ein Einheitssignal umgeformt. Das begrenzte Auflösungsvermögen bei der Magnetbandspeicherung erfordert anschließend eine Zähluntersetzung des Impulssignals, um eine möglichst proportionale Übereinstimmung der Impulsdichte zwischen Aufzeichnung und Wiedergabesignal zu erhalten.

Das untersetzte Impulssignal wird den Aufzeichnungsverstärkern des Magnetbandgerätes zugeführt.

Die benötigte Meßzeit für die einzelnen Untersuchungen war gering, denn die vollständige Durchmischung des inaktiven Katalysatorvolumens mit der radioaktiv markierten, injizierten Katalysatorcharge ist in kurzer Zeit (4–5 min) erreicht, da der Wirbelschichtreaktor einen nahezu idealen Rührkessel darstellt. Bei unveränderter Fahrweise stellt sich danach an jeder Meßstelle eine konstante Strahlungsintensität ein (stationärer Zustand). Der Betrag des Sättigungswertes ist abhängig von den Betriebsparametern und der Meßstellenposition. Die gleichzeitige Betrachtung aller Meßstellen ergibt die Intensitätsdichtefunktion, die proportional der Katalysatordichte ist.

Die Radiotracermethode ist analog auch eingesetzt worden für die Untersuchung strömungstechnischer Vorgänge in Pilot- und Laborwirbelschichtreaktoren, zumal sich alle Einflußgrößen wie Druck, Durchsatz, Katalysatorkörnung, Einbauten hier leichter variieren lassen.

2.4. *Betrachtung strahlenschutztechnischer Aspekte*

Die unter Pkt. 2.1. beschriebene Variante 2 für die Markierung des Katalysators bietet erhebliche strahlenschutztechnische Vorteile, da eine Kontaminierung der Umgebung ausgeschlossen werden kann. Es darf aber nicht übersehen werden, daß auch die im Quarzglas der Ampullen in geringen Mengen enthaltenen Elemente wie K, Ca, Zn, Sb und Pb durch die Neutronenaktivierung in radioaktive Isotope mit z. T. sehr langen Halbwertszeiten umgewandelt werden (die mittlere Halbwertszeit des entstandenen Isotopengemisches beträgt ca. 0,25 a) und eine erhöhte Vorsicht bei der Abfallbeseitigung erfordern (s. Pkt. 2.1.).

Bei der Auswahl einer geeigneten Dosierstelle ist unbedingt darauf zu achten, daß die Zuleitungsrohre, über die die Dosierung erfolgen soll, möglichst kurz und frei von öligen Bestandteilen sind, damit der radioaktiv markierte Katalysator an den Wandungen nicht anhaftet und die Strahlenexposition erhöht. Nach Abschluß der Untersuchungen zur Katalysatorbewegung ist zu berücksichtigen, daß die dosierten Aktivitätsmengen im System verbleiben und die Katalysatorfüllung radioaktiv kontamiert ist (Faktor 10^2 über den maximal zulässigen Konzentrationen und Aktivitäten von Radionukliden in Rohstoffen, Halbfabrikaten und Erzeugnissen entsprechend §8 oder 1. DB zur SSVO für die Radionuklide ^{24}Na und ^{140}La). Bis zu 12 Tagen nach Versuchsende muß beim Umgang mit dem sehr fließfähigen Katalysator (Inkorporationsgefahr) dieser Tatsache Rechnung getragen werden.

3. Meßergebnisse und Auswertemöglichkeiten

Im Gegensatz zur Markierung der Gasphase in einem Gas-Feststoff-Wirbelschichtreaktor mit Radiotracern, in deren Ergebnis ein differentielles Verweilzeitspektrum vorliegt, werden bei der Markierung des Feststoffes, der im Reaktor nahezu 100%ig verbleibt, Intensitätskurven an den Meßsonden registriert, die integralen Verweilzeitkurven ähneln. Die Aufzeichnung erfolgt auf Magnetband mit wahlweiser paralleler Schreiberaufzeichnung in einer mobilen Meßwerterfassungsanlage (Meßwagen) [4]. Die Analogaufzeichnungen (s. Pkt. 2.3.) auf den Magnetbanddatenträgern wurden durch die stationäre Meßwertverarbeitungsanlage (EDV-Anlage im Isotopenlabor des VEB „Otto Grotewohl" Böhlen) digitalisiert, verdichtet, umsortiert und auf einen Lochstreifen-Datenträger übertragen. Um beim Wiedergabevorgang die bei der Aufzeichnung festgehaltenen Originalzeitrelationen der Meßgrößen untereinander zu erhalten, beginnt die Wiedergabe der gespeicherten Spuren, also für jeden Meß- und Speicherkanal, am Einsatzpunkt der Pilotspur. Die Digitalisierungsabtastung durch einen Vielkanalanalysator wird von der Pilotimpulsfolge gesteuert.

Die graphische Darstellung der Impulsdichteverteilungen an 2 von 7 Reaktormeßstellen zeigt Abb. 3.

Nach vollständiger Vermischung der aktiven und inaktiven Katalysatorpartikel wird ein konzentrationsabhängiges Plateau erreicht. In Abb. 4 sind die Konzentrationsunterschiede infolge Leistungsvariation nach homogener Verteilung des radioaktiv markierten Katalysator-

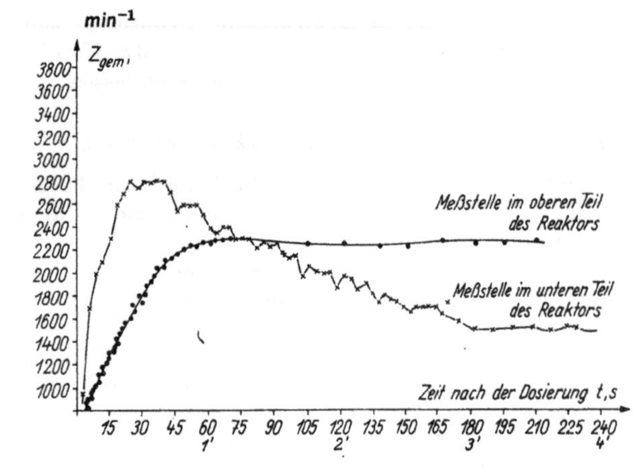

Abb. 3. Impulsdichte-Verteilung bei 2 unterschiedlich angeordneten Meßstellen an der Reaktoraußenwand

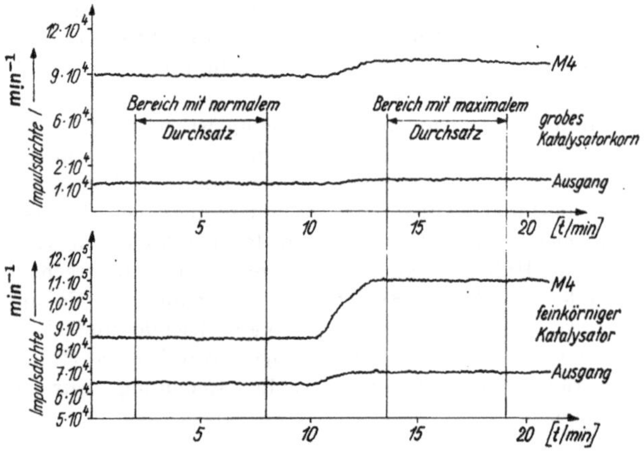

Abb. 4. Katalysatorbewegung im Wirbelbettreaktor an den Meßstellen M4 und am Ausgang bei Leistungsvariation

anteils im Reaktorvolumen in einer Gegenüberstellung von großer und kleiner Katalysatorkorngröße dargestellt.

Ein Anstieg der Impulsdichten bei hohem Durchsatz im mittleren Teil des Reaktors und ein erhöhter Katalysatoraustrag wird besonders deutlich bei der Betrachtung der Feinkornkatalysatorcharge.

Die Strömungszustände in der Wirbelschicht und deren Zusammensetzung ändern sich bei der Markierung des großen Katalysatorkornes kaum in Abhängigkeit vom Durchsatz.

Die Auswertung dieser Verweilzeitverteilungen erfordert umfangreiche Rechenoperationen, die sowohl Dispersionsmodellberechnungen als auch 2-Phasenmodellvorstellungen einschließen.

Nach Darlegungen von *Levenspiel* [5] können mit Hilfe der Momentenmethode in real durchströmten Behältern die mittlere Verweilzeit der markierten Katalysatorpartikel und damit die mittlere Partikelgeschwindigkeit im System sowie die effektiven Diffusionskoeffizienten als Charakterisierungsparameter für die Intensität der Katalysatorrückvermischung berechnet werden.

Bei der Berechnung der mittleren Momente können sich größere Abweichungen ergeben durch die Inhomogenität der Wirbelschicht und dadurch, daß die Meßinformationen der Tracermessung statistischen Schwankungen unterworfen sind.

Es lassen sich nach dem Stand der bisherigen Auswertung folgende Informationen gewinnen:

- Ermittlung der Einstellzeit des stationären Zustandes nach Injektion des Radiotracers in den Wirbelschichtreaktor
- Bewegung des Wirbelbettes bei verschiedenen Belastungen
- Aussagen über Aufbau und Verhalten der Wirbelschicht (Homogenität, Wirbelschichtdichte)
- Grad des Austrags der Kornfraktionen aus dem Gasaustrittsrohr (Vergleich großes und kleines Katalysatorkorn) nach Passieren der Zyklone.

Vor allem für die beiden letzten Punkte gilt, daß nur relative Aussagen (relative Konzentrationsvergleiche) gewonnen werden können, da ein direkter Vergleich der Meßstellen infolge unterschiedlicher Meßgeometrie und Absorption an der Reaktorwand nicht ohne weiteres möglich ist.

Die vorliegende Arbeit galt nur den Untersuchungen der Feststoffphase. Das Verhalten der fluiden Phase, des Gasstromes, im Zweiphasensystem Wirbelschicht, das eine ebenso große Bedeutung hat, läßt sich mittels einer Gasphasenmarkierung durch ^{133m}Xe, wie eingangs beschrieben, ohne Schwierigkeiten studieren.

Gemeinsam mit der Feststoffmarkierung ist so eine Gesamtbetrachtung der Arbeitsweise des zu untersuchenden Reaktors bei unterschiedlichen Einflußgrößen möglich.

Eine weitere Veröffentlichung, speziell zu den Ergebnissen und Aussagen aus diesem gesamten Komplex von radionuklidtechnischen Untersuchungen an Wirbelbettreaktoren ist vorgesehen.

Eingegangen am 11. 1. 1984
Überarbeitete Fassung am 22. 2. 1984

Literatur

[1] *R. Burkert, P. Opitz,* Forschungsberichte, Gruppe Isotopentechnik des VEB „Otto Grotewohl" Böhlen (1977, 1978, 1979), unveröffentlicht

[2] *R. Burkert, R. Russow,* Forschungsbericht des VEB „Otto Grotewohl" Böhlen im Rahmen der Vertragserforschung mit dem PCK Schwedt, unveröffentlicht

[3] *R. Otto, P. Hecht, H. Ulrich, H. Häntzschel,* Isotopenpraxis 14 (1978) 120

[4] *R. Burkert, P. Opitz,* Vortrag Nationales Symposium „Traceranwendung in der Industrie", 18.–22. Okt. 1976 in Gera

[5] *O. Levenspiel,* „Chemical Reaction Engineering". New York/London: Wiley Internat. Edition 1966

Isotopenpraxis 21 (1985) 1, S. 5 bis 10

Studies of Factors Affecting Emission of Čerenkov Radiation in Transparent Media

*F. M. Swailem**), *M. B. Moussa*

(Middle Eastern Regional Radioisotope Centre For Arab Countries, Cairo)

In transparent medium, beta particles and the electrons which are released under certain conditions by the interaction of gamma radiation with the medium, cause Čerenkov radiation. Changes induced by two wavelength shifters (β-Naphthol and 1-Amino-2-naphthol-4 sulphonic acid) are assessed. Color quenching solutions inhibit more widespread use of Čerenkov counting while chemical quenching is shown not to be a problem. The counting efficiency is improved by using polyethylene vials, incorporating wavelength shifters and by using a pulse summation technique.

Im transparenten Medium rufen Betateilchen und die unter bestimmten Bedingungen freigesetzten Elektronen infolge der Wechselwirkung der Gammastrahlung mit dem Medium eine Čerenkov-Strahlung hervor. Die durch zwei Wellenlängenwandler (β-Naphthol und 1-Amino-2-naphthol-4-sulfonsäure) induzierten Veränderungen werden eingeschätzt. Farblöschungslösungen verhindern eine weitgehende Anwendung der Čerenkov-Messung, während gezeigt werden kann, daß die chemische Löschung kein Problem darstellt. Die Wirksamkeit der Messung wird durch die Verwendung von Polyäthylen-Ampullen, die Wellenlängenwandler enthalten, verbessert, desgleichen durch Anwendung eines Impulssummierungs-Verfahrens.

Keywords

Cherenkov counters; Cherenkov radiation; counting techniques; quenching; radioisotopes; scintillation quenching

Introduction

Čerenkov radiation could considered to be an electromagnetic shock wave produced when a charged particle traverses a transparent medium with a velocity exceeding the velocity of light in that medium $\left(\cos\theta = \frac{1}{\beta n}\right)$. This electromagnetic shock wave [1] is a plane polarized wave with its electric vector in the radial direction. In other words, the electric vector lies parallel to the shock wave front and points towards or away from the particle responsible for the radiation. The threshold condition for the formation of *Čerenkov* radiation is

$$\beta_{\min.} n = 1$$

where (β) is related to electron energy (E) by

$$\beta = \sqrt{1 - \left[\frac{1}{(E/0{\cdot}511) + 1}\right]^2}$$

and (n) is the refractive index of the medium.

The practical application of *Čerenkov* radiation represents one of the most interesting new developments in liquid scintillation technology. This familiar phenomenon, now being applied to the assay of radioisotopes used in biology, medicine, and in physical and chemical researches, has many advantages over conventional liquid scintillation procedures. Not the least of which is the ability to count in completely aqueous systems without the use of organic fluors.

There are many workers applied the technique to radioisotope assay; among them are: *Parker* and *Elrick* [2], *Greenfield* et al. [3], *Francois* [4], *Randolph* [5], *Lauchli* [6], *Gelsema* et al. [7], *Ashcroft* [8], *Hoch* et al. [9], *Chow* [10], and others.

The present paper deals with the practical aspects of improving *Čerenkov* efficiency in liquid scintillation spectrometers for beta particles. Not only beta particles from beta emitting radioisotope transparent solutions, but also photoelectrons and compton electrons from gamma emitting radioisotpe solutions, having energies in excess of the threshold energy for the medium [11], can be measured by the improvements in *Čerenkov* counting in the medium.

Experimental

A. *Materials and Reagents*

A.1. Counting Vials. Experiments have been carried out to choose the most suitable vials according to their counting efficiencies and background. Glass vials were compared with polyethylene ones, both kinds were supplied from Packard Instruments Company, USA.

A.2. Chemicals and Materials. The dielectric transparent media, used in this study, for *Čerenkov* measurements are:

a) distilled water:
with $n = 1{\cdot}3310$ and $E_{\text{thr.}}^{\text{med.}} = 0{\cdot}264$ MeV
b) aqueous solution of potassium bromide:
with $n = 1{\cdot}3608$ and $E_{\text{thr.}}^{\text{med.}} = 0{\cdot}244$ MeV
c) aqueous solution of sodium chloride:
with $n = 1{\cdot}3715$ and $E_{\text{thr.}}^{\text{med.}} = 0{\cdot}236$ MeV
d) aqueous solution of glycerol:
with $n = 1{\cdot}4622$ and $E_{\text{thr.}}^{\text{med.}} = 0{\cdot}19$ MeV

*) Present address: Physics Department, Faculty of Applied Sciences and Engineering, Umm Al-Qura Univ., Makkah, Saudi Arabia

Tab. 1. Characteristics of the used radioisotope solutions

radio isotopes	half-life	Type of radiation	Energy, in MeV		Chemical form
			β	γ	
^{32}P	14·42 d	β	1·71	—	as orthophosphate in HCl
^{89}Sr	50·4 d	β	1·5	—	Strontium chloride
^{99}Tc	2·1 × 10^5a	β	0·295	—	Amonium pertechnetate
^{137}Cs	30 a	β(γ)	0·51	0·662	Caesium chloride in HCl
^{134}Cs	2·2 a	β(γ)	0·65	0·606	Caesium chloride
^{131}I	8·04 d	β(γ)	0·61	0·36	Sodium iodide
^{65}Zn	242 d	γ	—	1·115	Zinc chloride in HCl
^{54}Mn	291 d	γ	—	0·84	Manganese chloride in HCl
^{51}Cr	27·8 d	γ	—	0·323	Sodium chromate

A.3. Radioisotopes preparation. The used radioisotope solutions were prepared from standardized solutions of different β, γ and β(γ) radionuclides which were supplied from the Radiochemical Centre-Amersham, England. The radioisotopes under investigation have the following characteristics, as shown in Tab. 1.

B. *Parameters Affecting Čerenkov Emission*

B.1. Sample Volume. The dependence of counting efficiency on sample volume was investigated for both glass and polyethylene vials using ^{32}P as radioactive nuclide and distilled water as a dielectric medium.

B.2. Wavelength Shifters. The two wavelength shifters, supplied by E. Merck, used in this study are:
1-amino-2-naphthol-4-sulphonic acid (concentration: 15 mg/100 ml distilled water); and β-Naphthol (concentration: 1 gm/50 ml distilled water).

B.3. Chemical Quenching Agents. A 20% Sodium hydroxide solution, supplied by Beckman, was prepared and selected as an alkali additive chemical quenching agent (0·1 ml was added). Moreover, a solution of 5% acetic acid was prepared and selected as an acidic additive chemical quenching agent (0·1 ml was added).

B.4. Color Quenching Agent. Methylorange, from E. Merck, was selected to study the effect of color quenching on *Čerenkov* radiation. The used concentration was 0·01 mg/250 ml distilled water and the added volume was 0·5 ml.

C. *Counting Technique*

All *Čerenkov* counting of the sources under investigation were undertaken using a "Nuclear Enterprises" automatic liquid scintillation spectrometer model NE-8310, with dial bialkali photomultipliers type EMI-9635 QB in fast coincidence and pulse summation.

D. *Measurements of Čerenkov Spectra*

This was done by pipetting 19 ml, the optimum volume of the refractive media, in polyethylene vials containing 1 ml of each of the nine standard radioisotope solutions under investigation. The sample vials were shaked well, then counted using the automatic liquid scintillation spectrometer. The settings of the spectrometer were adjusted for optimum *Čerenkov* counting efficiency. Count rates (counts per minute, cpm) were taken from the average values of 10 successive measurements for each reading. *Čerenkov* spectra were drawn in different media for the nine radioisotopes.

Results and Discussions

A. *Choice of Counting Vials*

Vials, used for *Čerenkov* counting, are selected on the basis of their lowest background (B) and highest efficiency (F) and hence highest figure of merit (F^2/B). During efficiency and background measurements, the optimum sample volume for both types of vials was also checked.

Fig. 1 illustrates the dependence of background count rate on vial material. It is obvious that, at any selected volume a substantial decrease in background has been observed for polyethylene vials rather than for glass ones. This is due to the absence of the natural ^{40}K (0·019% abundance) from polyethylene.

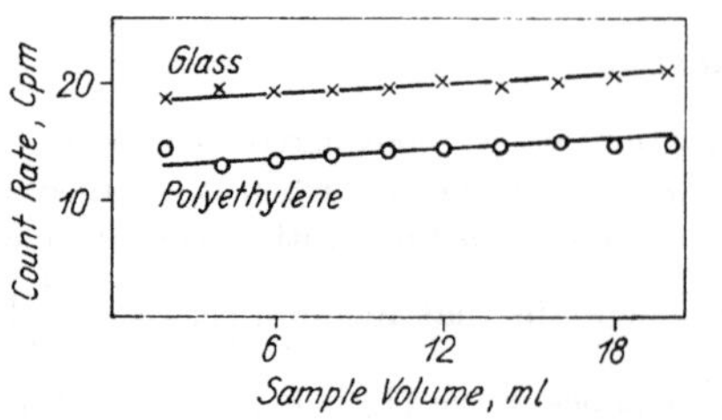

Fig. 1. Dependence of background on sample volume

Counting efficiency is calculated as the ratio between the measured average count rate and true disintigration rate of the standard radioisotopes after subsequent dilution and radioactive decay corrections. Fig. 2 illustrates the dependence of efficiency on vial material. From the curve, it is obvious that at any volume, the counting efficiency of polyethylene vials is much greater than those made of glass. This is due to the fact that plastic materials allow more light diffusion (isotropic dispersion) to occur, thereby minimizing the directional effect of *Čerenkov* emission. They are also optically transparent in the U.V. region than glass thus allows all light flashes to reach to the whole area of the photosensitive cathode of the photomultiplier, so this permits more efficient light collection.

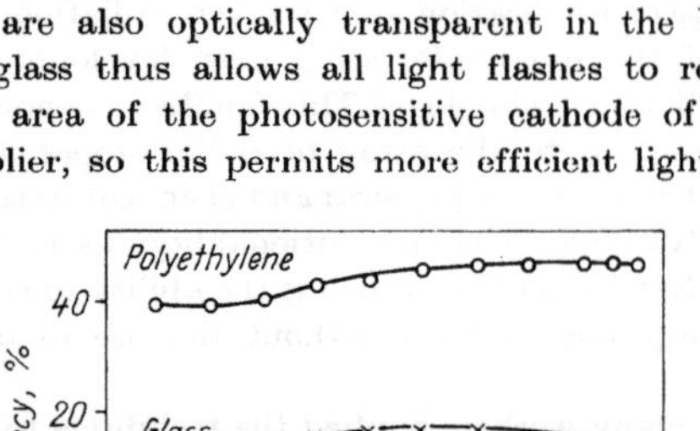

Fig. 2. Effect of sample volume on detection efficiency

The illustrations given in Fig. 2 show that the optimum volume for polyethylene and glass vials are observed with a peak efficiency at 19 ml and 12 ml respectively. At higher dilutions of the radioactive nuclide, *Čerenkov* emission is attinuated. The shape of the response curve in Fig. 2 is of the type [4]

$$Y = a \sin nx + b \cos nx$$

where Y is the relative efficiency; and
x is the volume of the solution in the vial.

As the sample volume deviates from its optimum value, there is a decrease in the relative efficiency and becomes more pronounced with low beta energies. It is known that the total yield of *Čerenkov* emission increases with the length of electron path in the transparent medium. Accordingly, a large volume or less dense medium will result in higher sample count rate. As sample volume increased, light transmission may be impaired owing to the presence of optical impurities in the medium or its opacity.

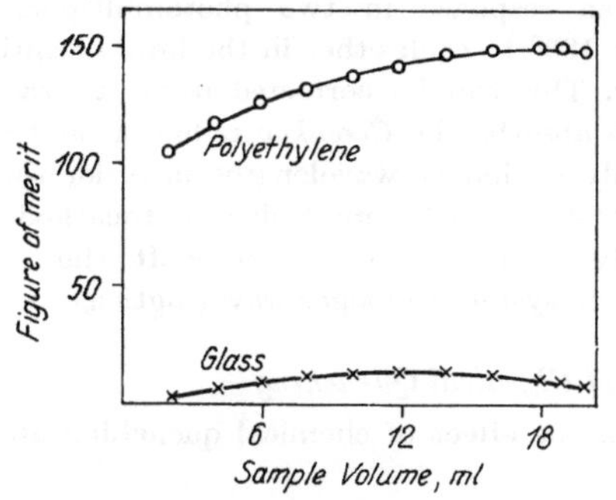

Fig. 3. Influence of sample volume and vial material on figure of merit

Figures of merit (F^2/B) are calculated for both polyethylene and glass vials and the results are illustrated in Fig. 3. The counting efficiency of polyethylene vials did not change apparently with volume after reaching a maximum of 19 ml, whereas with glass vials, there is a substantial decrease with volume after reaching a maximum of 12 ml. It is also clear that, at the optimum volume for polyethylene vials, figure of merit is very large for polyethylene vials compared with that of glass vials.

B. *Čerenkov Spectra*

The true "energy spectra of *Čerenkov* radiation" of the radioisotopes under investigation in the different refractive media are illustrated in Fig. 4. These curves show that there is no significant difference in the shapes of *Čerenkov* spectra for the different radioisotopes in the different media. The pulse height of *Čerenkov* radiation is comparable with that of the continuous tritum spectrum. However, the characteristics of each pulse height spectrum are dependent on particle energy and instrument parameters as gain, discriminator and window width. For maximum efficiency, these parameters should be optimized.

It is also shown from these spectra that, at low energy end, there is observed significant decrease in count rate which is due to statistical variance of the pulse height/energy relationship in coincidence counting. For high energy isotopes such as ^{32}P, ^{89}Sr, and ^{65}Zn, there is a small rise in the pulse height spectra due to the use of quasi-logarithmic amplifier with two linear ranges in the automatic liquid scintillation spectrometer.

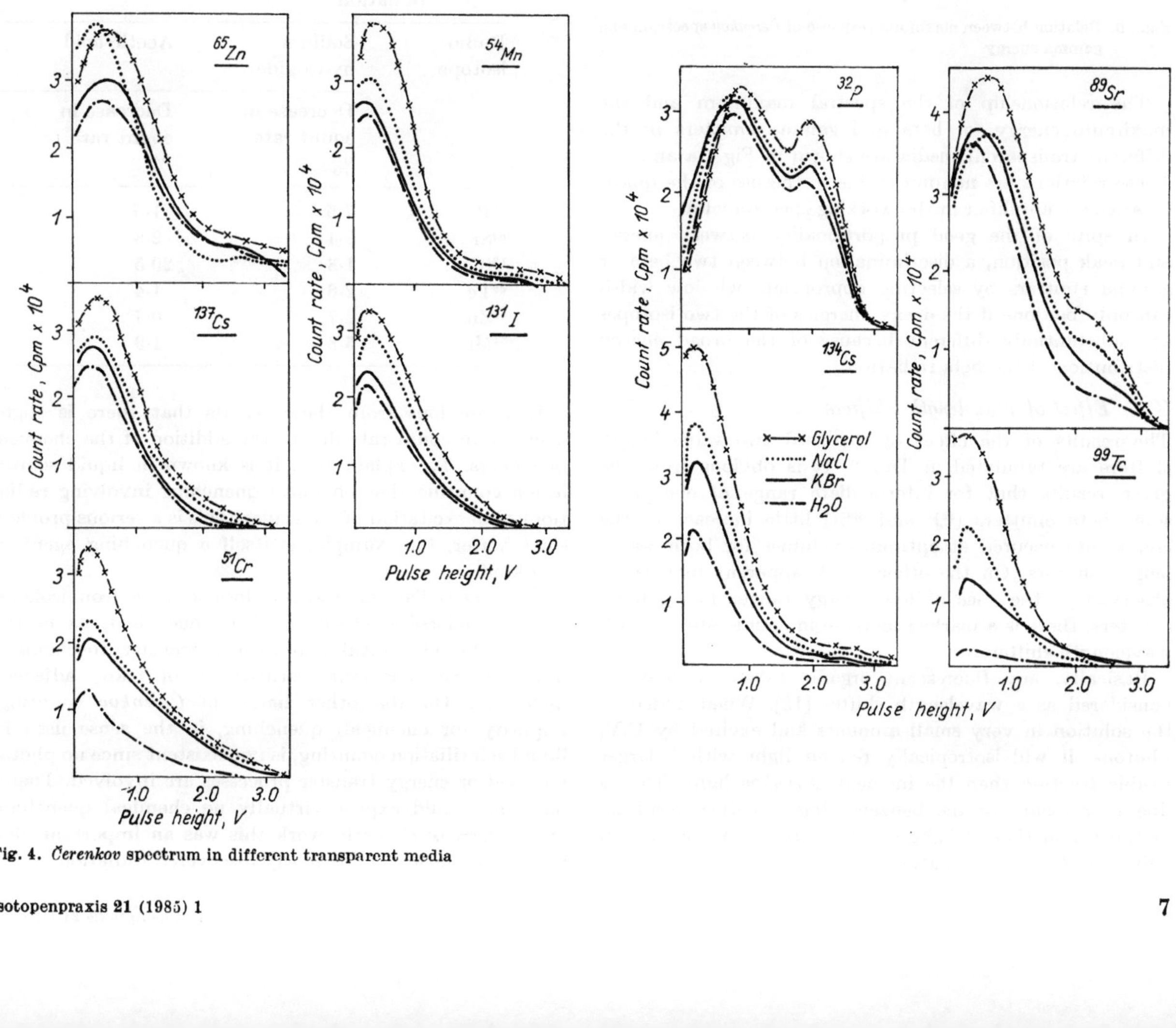

Fig. 4. *Čerenkov* spectrum in different transparent media

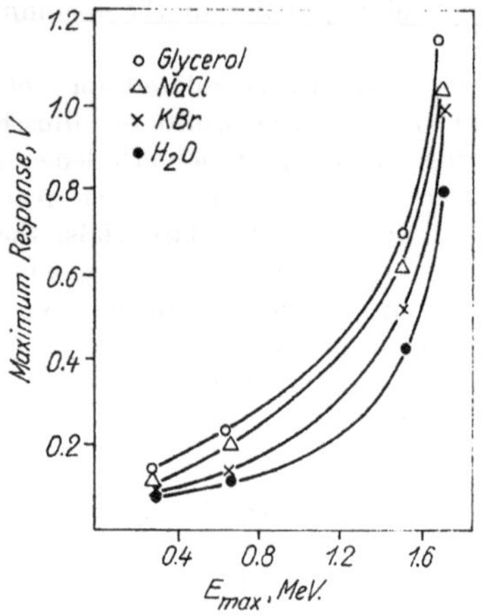

Fig. 5a. Relation between maximum response of *Čerenkov* spectrum and maximum beta energy

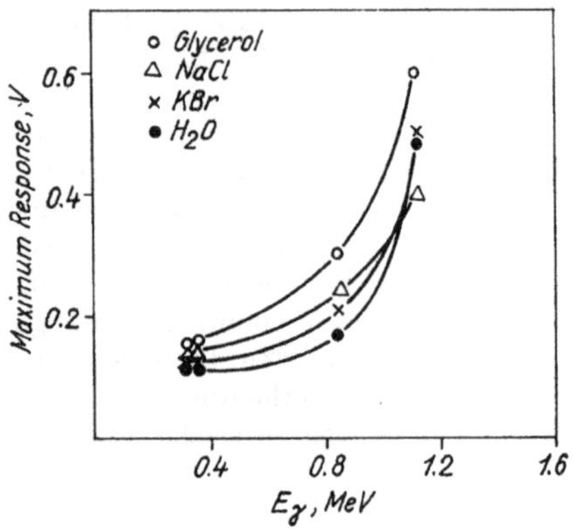

Fig. 5b. Relation between maximum response of *Čerenkov* spectrum and gamma energy

The relationship of the spectral maximum and the maximum energy for beta and gamma emitters in the different transparent media are shown in Fig. 5a and 5b. These relations are non-linear due to the use of the quasi-logarithmic amplifier in the working spectrometer.

In spite of the good proportionality between energy and peak position, a discrimination between two beta or gamma emitters by selecting appropriate window width can only be done if the decay energies of the two isotopes are substantially different because of the broad energy distribution of the beta radiation.

C. *Effect of Wavelength Shifters*

The results of the effect of the used two wave length shifters are tabulated in Tab. 2. It is obvious from the given results that for intermediate range of energy of some beta emitters (^{32}P and ^{89}Sr) little increase in the count rate occured at optimum volumes for both wavelength shifters. On the other hand, apparent increase is observed in the case of low energy range. For gamma emitters, there is a marked increase in count rate for both wavelength shifters.

Basically, any fluorescent organic substance may be considered as a wavelength shifter [12]. When added to the solution in very small amounts and excited by U.V. photons, it will isotropically re-emit light with a larger visible fraction than the incident *Čerenkov* light. This is due to presence of the benzene ring structure resulting in the production of light by the scintillation process in adition to *Čerenkov* radiation.

Tab. 2. Effect of wavelength shifters on *Čerenkov* radiation

Radio-isotope	1-Amino-2-Naphthol-4 Sulphonic acid		β-Naphthol	
	Optimum volume of the shifter ml	Increase in count rate %	Optimum volume of the shifter ml	Increase in count rate %
^{32}P	1·1	18·28	0·15	21·43
^{89}Sr	1·2	18·80	0·15	24·63
^{134}Cs	0·5	27·07	0·15	39·26
^{99}Tc	0·2	53·84	0·10	67·96
^{65}Zn	0·5	19·26	0·15	10·49
^{54}Mn	0·4	39·50	0·40	59·92

To explain this effect, it was known that the cone of *Čerenkov* emission is propagated in the medium in the direction of motion of the electron. The direction effect causes uneven response in two photomultiplier tubes positioned at 180° to each other in the liquid scintillation spectrometer. This can be corrected using a wavelength shifter which absorbs the *Čerenkov* radiation and re-emit it isotropically on longer wavelengths in order to match the spectral response of the multiplier photocathode.

Accordingly, their function is to shift the emission spectrum of the system to longer wavelengths.

D. *Effect of Chemical Quenching*

The results of the effect of chemical quenching are given in Tab. 3.

Tab. 3. Effect of chemical quenching on *Čerenkov* radiation

Radio-isotope	Sodium hydroxide	Acetic acid
	Decrease in count rate %	Decrease in count rate %
^{32}P	7·5	1·5
^{89}Sr	8·4	2·8
^{134}Cs	1·8	20·5
^{99}Tc	2·6	1·4
^{65}Zn	4·7	0·7
^{54}Mn	5·8	1·9

It is obvious from these results that there is slight decrease in count rate due to the addition of the chemical quenchers. To explain this, it is known in liquid scintillation counting that chemical quenching involving radiationless deexcitation of molecules. This is a serious problem since water, for example, is itself a quenching agent of this kind.

Čerenkov radiation, however, does not arise from isolated excited molecules which could be quenched, as in the case of liquid scintillation energy transfer mechanism, but from the coherent disturbances of many adjacent molecules. On the other hand, in *Čerenkov* counting, impurity (or chemical) quenching, in the sense used in liquid scintillation counting, is non existent since no photophysical or energy transfer processes are involved. Therefore, one could expect virtually no chemical quenching and in *Čerenkov's* early work this was an important clue to the real nature of the newly discovered radiation.

E. *Effect of Color Quenching*

Tab. 4 tabulates the results of the effect of color quenching. This effect causes substantial decrease in count rate for all the assessed radioisotopes, refers to the attenuation of the light pulse by any absorption bands in the solution. Colored solution adversely effect *Čerenkov* counting efficiency, since *Čerenkov* light is usually weaker in intensity and covers a wide wavelength band of the *Čerenkov* emission spectrum which approximately ranging from 200 nm to 700 nm. This effect is particularly strong with yellow colored solution [12]. This fact strongly supports the assumption that the observed count rate can be attributed to the bluish white *Čerenkov* radiation.

Tab. 4. Effect of color quenching (methylorange) on *Čerenkov* radiation

Radio-isotope	Count rate without Methylorange cpm	Count rate with Methylorange cpm	Decrease in count rate %	Quenching factor Q
^{32}P	102721	69996	46·75	1·46
^{89}Sr	30138	20685	45·70	1·45
^{134}Cs	30377	18301	65·98	—
^{99}Tc	596	531	12·25	1·12
^{65}Zn	41089	26313	56·15	—
^{54}Mn	23786	14767	61·08	—

F. *Effect of Pulse Summation Technique*

The used automatic liquid scintillation spectrometer was modified, through this work, to operate in both fast coincidence mode and pulse summation mode.

Pulse summation spectra were obtained for all the radioisotopes under investigation. Fig. 6 illustrates typical spectra for some represented isotopes. Pulse summation spectra differ from coincidence spectra only at the low energy end where a significant loss is noted, while the high energy points of the spectra are identical. In case of summation mode, the statistical variance of the pulse height/energy relationship is reduced, thereby improving the spectrometric properties of the instrument. Consequently in addition to a relative increase in counting efficiency which is greatest at low pulse amplitudes, *Čerenkov* pulse summation technique offers better isotope separation in dual-label counting.

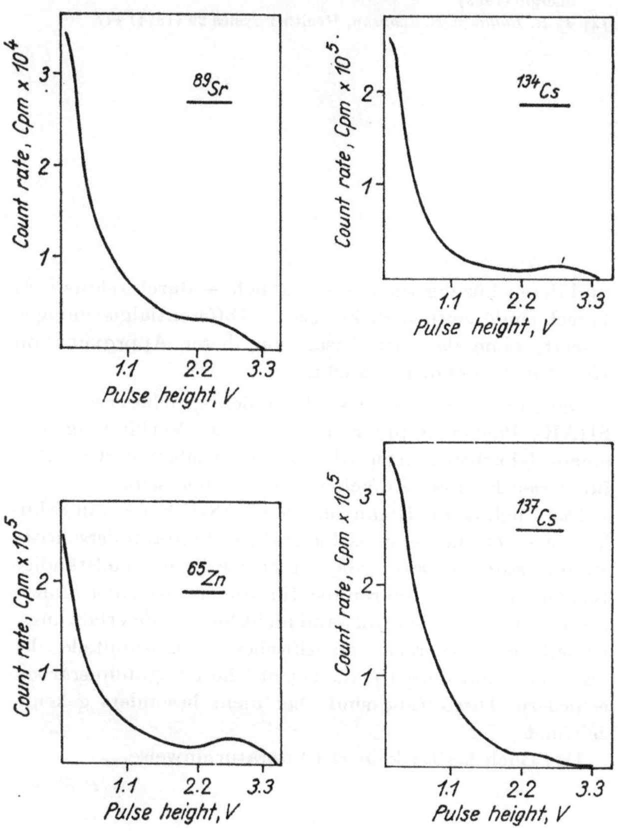

Fig. 6. *Čerenkov* summation mode pulse height spectra

The absolute counting efficiency for each isotope was calculated in case of coincidence mode and summation mode and are tabulated in Tab. 5.

Tab. 5. *Čerenkov* counting efficiency for coincidence and summation modes

Radio-isotope	$E_{max}^{(\beta)}$ MeV	$E_{\gamma}^{(\gamma)}$ MeV	Coincidence mode: Counting efficiency %	Summation mode: Counting efficiency %
^{32}P	1·71	—	47·28	86·00
^{89}Sr	1·50	—	36·83	62·20
^{134}Cs	0·65	0·60	1·94	15·50
^{99}Tc	0·92	—	0·01	0·41
^{65}Zn	—	1·115	4·80	20·90
^{54}Mn	—	0·84	4·50	19·60
^{137}Cs	0·51	0·66	4·07	18·17
^{131}I	0·61	0·36	2·42	15·90
^{51}Cr	—	0·32	1·65	13·80

It is shown, from this table that the counting efficiency, for both beta and gamma emitters, increases with increasing the radioisotope energy and very great compared with coincidence counting.

Since *Čerenkov* radiation is directional, then an increase in efficiency is to be expected if the two phototubes are coupled directly through a summation circuit without the use of coincidence circuitry. Pulse summation technique is impracticable for samples of low activity because of the high noise level of the photomultiplier tubes.

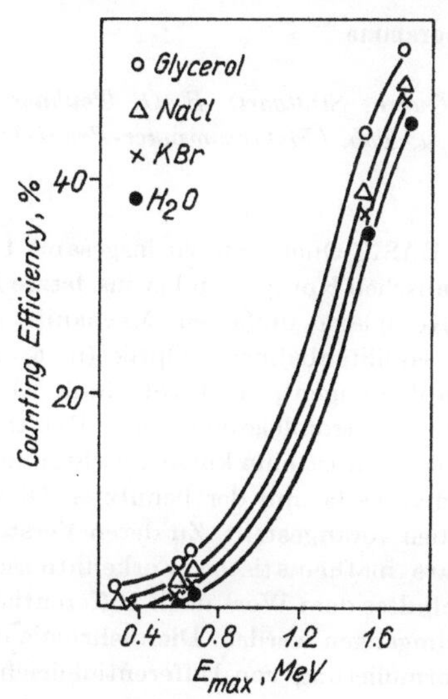

Fig. 7. *Čerenkov* counting efficiency as a function of maximum beta energy

G. *Effect of Ionizing Particle's Energy*

Fig. 7 illustrates the relation between maximum beta energy and *Čerenkov* counting efficiency in different transparent media. *Čerenkov* counting efficiency increases very rapidly with increasing maximum beta energy. This appears to be a very useful technique for increasing *Čerenkov* emission in some refractive media [11].

H. *Effect of Refractive Index*

The relation between refractive index and counting efficiency for beta emitters is given in Fig. 8. Counting efficiency increases by increasing refractive index of the medium. However, changing the refractive index of the medium to increase the counting efficiency does not appear to be a useful technique except in the case of the very low energy emitters.

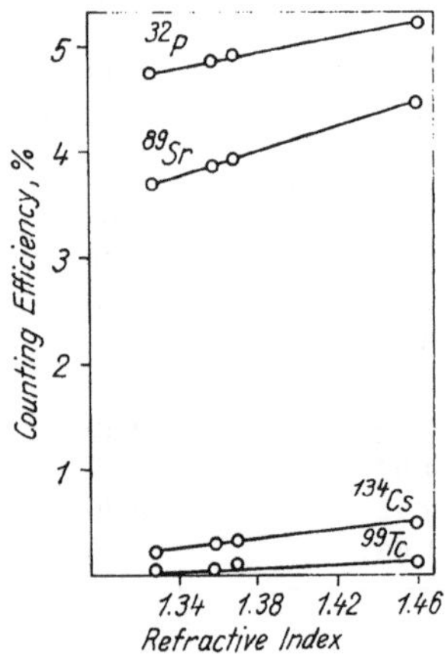

Fig. 8. Relation between refractive index and *Čerenkov* counting efficiency for beta emitters

Conclusion

It is clear that, *Čerenkov* counting technique can be an important adjunct to conventional liquid scintillation procedures. Among the major advantages of the method are the extreme simplicity of sample preparation and the ability to count samples in a completely aqueous system without the use of organic fluors and the ease of sample recovery. Relatively large volume of samples, up to 20 ml, is one of the major reasons for advocating the method. Chemical quenching being of no consequence in most situations entitles the radio-chemist to use, if necessary high concentrations of acids or oxidizing agents. Use of pulse-summation technique improved detection efficiency of *Čerenkov* radiation. The background is, however, very great unless low noise phototubes are used. Due to the weakness of *Čerenkov* light intensity and its broad spectrum range, any colored solution, specially yellow, effects adversely *Čerenkov* counting efficiency.

Received January 4, 1984

References

[1] *J. V. Jelley*, Čerenkov Radiation and its applications, London: Pergamon Press 1958

[2] *R. P. Parker, R. H. Elrick*, Int. J. Appl. Radiat. Isotopes **17** (1966) 362

[3] *M. A. Greenfield, A. Norman, A. H. Dowdy, P. M. Katz*, J. Opt. Soc. Amer. **43** (1) (1953) 42

[4] *B. Francois*, Int. J. Nucl. Med. Biol. **1** (1973) 1

[5] *R. B. Randolph*, Int. J. Appl. Radiat. Isotopes **25** (1975) 9

[6] *A. Lauchli*, Int. J. Appl. Radiat. Isotopes **20** (1969) 265

[7] *W. J. Gelsema, C. L. De Ligy, J. B. Luten, F. G. A. Vossenberg*, Int. J. Appl. Radiat. Isotopes **26** (1975) 443

[8] *J. Ashcroft*, Int. J. Appl. Radiat. Isotopes **20** (1969) 555

[9] *F. L. Hoch, R. A. Kuras, J. D. Jones*, Anal. Biochem. **40** (1971) 86

[10] *P. Chow*, "Liquid Scintillation Counting", vol. 1, Proc. Symp. San Francisco, Acad. Press, 387 (1980)

[11] *F. Swailem, M. B. Moussa*, Accepted for Publication in Atomkernenergie (1983)

[12] *P. E. Ballance, S. Johnson*, Health Physics **20** (1971) 447

Isotopenpraxis **21** (1985) 1, S. 10

Buchbesprechung

BASIC — Physikprogramme

T. Duenbostl, T. Oudin. Stuttgart: B. G. Teubner 1983. 152 S., zahlr. Abb. u. Tab. (Mikrocomputer-Praxis); kart. *DM 23,80*

In dem Buch sind BASIC-Quelltexte zu insgesamt 14 verschiedenen physikalischen Komplexen bis ins letzte Detail beschrieben. Die Komplexe umfassen Mechanik (u. a. Wurfbewegungen, Satellitenbahnen), Optik (u. a. Lichtbrechung, Linsenabbildungen), Elektrotechnik (LISSAJOUS-Figuren, Wechselstromleistung) und Relativitätstheorie. Jedem Programm ist eine kurze Beschreibung des physikalischen Sachverhalts und der benutzten Gleichungen bzw. Algorithmen vorangestellt. Zu deren Verständnis sind nur elementare mathematische Vorkenntnisse notwendig, wobei zumindest dem Wort nach Differential- und Integralrechnung umgangen werden. Die mehrmals eigentlich notwendige Formulierung von Differentialgleichungen und deren Lösung wird — wie üblich — durch rekursiv zu berechnende zeitlich diskretisierte Differentialgleichungen ersetzt, ohne daß der Leser von dieser Approximation Kenntnis zu nehmen braucht.

Die Programme selbst sind für den speichererweiterten SHARP-Pocketcomputer PC 1500 in Verbindung mit einem 4-Farben-Plotter CE 150 geschrieben und dürften für diesen Rechner einfach zu übernehmen sein.

Das Buch ist als Ergänzung von BASIC-Kursen in Schulen geeignet, um erste selbständige Programmierschritte zu unterstützen. Dafür gibt es aber jeweils eine vollständige Lösung an. Die Programme für andere Rechner umzuschreiben, dürfte den Aufwand nicht lohnen, da erfahrungsgemäß nur die rechnerspezifischen Programmteile der Datenein- und -ausgabe die eigentliche Programmierarbeit erfordern. Diese Teile sind aber nicht besonders gekennzeichnet.

Das Buch besitzt keinerlei Literaturhinweise.

R. Straubel

Isotopenpraxis 21 (1985) 1, S. 11 bis 13

Errichtung einer Anlage zur Gammabestrahlung mit Reaktorbrennelementen (BSE) am Rossendorfer Forschungsreaktor

W. Hertle, W. Tzscheutschler, H. Steinkopff

(Akademie der Wissenschaften der DDR, Zentralinstitut für Kernforschung, Rossendorf, Bereich KB[1])

Es wird über eine Einrichtung zur Nutzung der Gammastrahlung bestrahlter Brennelemente (BSE) des Rossendorfer Forschungsreaktors für die Werkstofforschung berichtet. In der installierten Zylinderquelle können etwa 2,5 dm³ Bestrahlgut mit über einen weiten Bereich bis zu einem Grenzwert von 10^6 R/h einstellbarer Dosisleistung bestrahlt werden. Zur Bestrahlungsposition besteht freier ungehinderter Zugriff. Für ausgewählte experimentelle Arbeiten im Strahlenfeld wurden spezifische Ausrüstungen geschaffen. Die Anlage eignet sich besonders für Untersuchungen an Werkstoffen während der Einwirkung des Strahlenfeldes.

A equipment is presented, which uses the γ-radiation of irradiated fuel elements of the Rossendorf Research Reactor in materials research. Nearly 2,5 dm³ specimens may be irradiated with over a wide range up to a limit of 10^6 R/h adjustable dose efficency in the installed cylinder source. Easy access exists to the radiation position. Specific supplements were developed for selected experiments in the γ-field. The equipment is suited for experiments during the irradiation.

Keywords

fuel elements; gamma sources; irradiation; irradiation plants; radiation sources; radioisotopes

Kunststoffe haben sich immer mehr zu eigenständigen Werkstoffen mit großer Variationsbreite entwickelt. Selbst in der Kerntechnik erweist sich überraschend oft ein Kunststoff als optimale Lösung eines Werkstoffproblems. Doch die kritischste Frage — nach ausreichender Beständigkeit gegen energiereiche Strahlung über längere Zeit — kann nur in den seltensten Fällen zuverlässig beantwortet werden.

Die Wirkung energiereicher Strahlen ist immer dann in komplizierter, heute noch nicht beherrschter Weise von Dosisleistung und Bauteilgestalt abhängig, wenn gleichzeitig Sauerstoff — aus der Luft z. B. — einwirkt [6—8].

Selbst um Größenordnungen unterschiedliche Strahlenbeständigkeit wird beobachtet, wenn Kurzzeitbestrahlungen (Zeitrafferversuche, in denen hohe Dosisleistungen quasi bei Sauerstoffausschluß aufgebracht werden) mit Langzeitexpositionen verglichen werden.

Trotz der Bemühungen um praxisnahe Untersuchungen ist wegen der Komplexität der mit den Strahleneffekten gekoppelten Erscheinungen und des unvertretbar hohen Aufwandes das Langzeitverhalten bisher nur ungenügend untersucht worden.

Mit der beschriebenen Anlage wird eine Einrichtung bereitgestellt, in der die Gammastrahlung von Spaltprodukten abgebrannter BSE als Bestrahlungsquelle ausgenutzt wird. Derartige BSE stehen an Reaktoranlagen in genügender Menge zur Verfügung, so daß aus ihrer bekannten Abklingcharakteristik eine geeignete Auswahl bezüglich Strahlungsintensität und Energiespektrum zur Einhaltung vorbestimmter mittlerer Bestrahlungsparameter möglich ist. Durch die notwendige Nachkühlung der BSE und durch den erforderlichen biologischen Schutz vor Strahleneinwirkung ist die Aufstellung der Bestrahlungsanlage direkt im Abklingbecken in unmittelbarer Nähe des Kernreaktors bedingt. Als technische Lösung wurde eine Tauchrohrkonzeption mit Etagenversatz angewendet. Aus Abb. 1 ist ihr prinzipieller Aufbau ersichtlich. Die Einrichtung ist jederzeit verfügbar, äußerst wartungsarm und wird aufbauend auf jahrelangen Erfahrungen an anderen Bestrahlungseinrichtungen zur praxisnahen Untersuchung von Phänomenen, die bei der Ein-

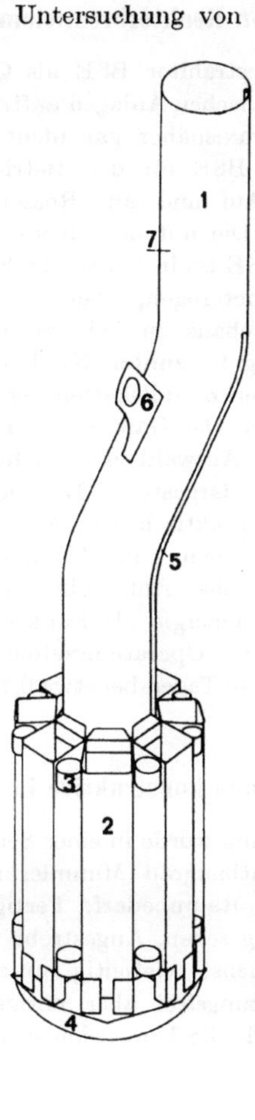

Abb. 1. Schema der Anlage (stark verkürzt)

1 — Bestrahlungskanal; 2 — Kassettenplatz; 3 — Aufnahme für Absorberelement; 4 — schwenkbare Druckplatte, 5 — Führung für das Positionierungsseil-, 6 — Zugöse; 7 — Eintauchtiefe bei minimalem Wasserstand

[1]) Anschrift: 8051 Dresden, PSF 19

Tab. 1. Die wichtigsten γ-Strahler

Nuklid	^{85}Kr	^{91}Sr	^{91m}Y	^{91}Y	^{93}Y	^{95}Zr
Halbwertszeit	10,73 a	9,7 h	50,3 min	58,9 d	10 h	63,98 d
kumulative Spaltausbeute, %	0,26	5,8	3,4	5,8	6,4	6,3
mittlere γ-Energieemission, MeV	0,04	0,84	0,52	0,004	0,35	0,74
maximal auftretende γ-Energie, MeV	0,52	1,41	0,55	1,19	2,1	0,76
wahrscheinlichste γ-Energie, MeV	0,52	0,55	0,55	1,19	0,27	0,76

^{95}Nb	^{97m}Nb	^{97}Nb	^{99}Mo	^{99m}Tc	^{103}Rh	^{106}Rh	^{129m}Te	^{129}Te
34,7 d	1,0 min	74 min	66,7 h	6,0 h	40 d	30	41 d	74 min
6,3	5,8	6,1	6,1	5,3	3,0	0,38	0,35	0,35
0,76	0,75	0,67	0,13	0,14	0,5	0,33	0,11	0,24
0,76	0,75	1,02	0,78	0,14	0,61	>2,6	0,11	1,12
0,76	0,75	0,66	0,18	0,14	0,50	0,52	0,11	0,03

^{131m}Te	^{132}Te	^{131}J	^{132}J	^{133}J	^{135}J	^{135}Xe	^{137}Cs	^{137m}Ba
30 h	78 h	8,05 d	2,3 h	20,8 h	6,7 h	9,13 h	30,44 a	2,6 min
0,44	4,4	2,6	4,4	6,6	6,1	6,4	6,1	6,1
1,14	0,23	0,39	2,13	0,57	1,68	0,26	0,6	0,6
1,12	0,23	0,72	2,2	1,4	1,8	0,6	0,66	0,66
0,15	0,23	0,36	0,67	0,53	0,52	0,25	0,66	0,66

^{140}Ba	^{140}La	^{141}Ce	^{143}Ce	^{144}Ce	^{144}Pr	^{147}Nd	^{151}Pm	^{151}Sm
12,8 d	40,27 h	32,5 d	33 h	285 d	17,5 min	11,1 d	28 h	73 a
6,4	6,4	6,0	6,0	5,7	5,7	2,4	0,45	0,45
0,21	2,31	0,1	0,33	0,02	0,06	0,14	0,46	0,02
0,54	3,0	0,15	1,0	0,13	2,19	0,69	1,5	0,02
0,03	1,6	0,15	0,06	0,13	2,19	0,09	0,34	0,02

wirkung energiereicher Strahlung auf Kunststoffe relevant sind, eingesetzt [2–5].

Die Gammastrahlung von Reaktorbrennelementen

Die Vorteile des Einsatzes bestrahlter BSE als Quellen sind vielfältig. Die in kerntechnischen Anlagen auftretende Gammastrahlung läßt sich praxisnäher gar nicht simulieren, und ausreichend viele BSE für den Betrieb der Anlage sind mit geringem Aufwand am Rossendorfer Forschungsreaktor verfügbar. Die nutzbare Komponente der Strahlung abgebrannter BSE ist in bezug auf Energie und Zerfallskonstante zwar heterogen, aber durch ein geeignetes Betriebsregime durchaus zu beherrschen [1]. Von den etwa 350 gegenwärtig bekannten Nukliden, die bei der Spaltung von ^{235}U in den Zerfallsketten der Spaltprodukte entstehen, sind etwa 150 Gammastrahler mit Halbwertszeiten $\geqq$ 1 h. Eine Auswahl der wichtigsten Gammastrahler ist in Tab. 1 dargestellt. Der gesamte Energiebereich erstreckt sich praktisch von 50 keV bis 3 MeV, Abklingzeiten von Stunden zum Umladen der BSE aus dem Reaktor in das Abklingbecken einkalkuliert. Die mittlere Gammaenergie als Funktion der Abklingzeit schwankt bei längeren Operationszeiten wenig und liegt im Zeitraum von 5 bis 40 Tagen bei etwa 0,7 MeV.

Technische Konzeption und konstruktive Lösung

Die optimale konstruktive Lösung wurde in einer Schweißkonstruktion nach dem 1. Leichtbaugrad (Minimierung der Herstellungskosten – Masse, Raumbedarf, Fertigungskosten und Verschleiß gering) gesehen. Angestrebt wurde die Entwicklung einer möglichst vielseitig nutzbaren dauerhaften Anlage, die wartungsfrei aber nötigenfalls nachrüstbar ist. Als Eckmaß für die Dimensionierung der gesamten Anlage wurde ein nutzbarer Kanalinnendurchmesser von 150 mm aus verschiedenen Überlegungen gewählt.

Der Bestrahlungsraum am unteren Ende des 4,64 m langen Kanals wird von einer mit Sicherheit unkritischen Anordnung bis maximal 24 BSE des Typs ECH-1 nach einem mittleren Abbrand von 13000 GJ/kg Schwermetall effektiv durchstrahlt (Zylinderquelle). Er ist ausreichend groß und vergleichbar dem in alternativen Bestrahlungsanlagen vom Typ RCH-γ-30 (Quelle: ^{60}Co). Die Chance paralleler Untersuchungen mit den gleichen Ausrüstungen ist gegeben. Die Dosisleistung ist mit relativ geringem Aufwand über einen weiten Bereich einstellbar. Homogenitätsfehler im Strahlenfeld durch unterschiedliche Quellstärken als Funktion der Vorgeschichte der BSE bleiben durch die relativ geringe Anzahl der Quellen beherrschbar. Geometrisch bedingte Homogenitätsfehler werden durch symmetrische Anordnung der Quellen in engen Grenzen gehalten. Die in den Kanal gebogene Etage und der Einbau in das Abklingbecken gewähren dem Betreiber ausreichenden individuellen Strahlenschutz. Der Boden ist angeflanscht, um den Kanal für eine eventuelle Reinigung und Nachrüstung zugänglich zu erhalten. Die gesamte Anlage steht auf einer gelenkig angekoppelten Druckplatte, und in die Abdeckung ist der Kanal durch einen unkonventionellen Klemmflansch integriert. Die verspannbare Kugelhaufenpackung ist wahlweise Lager mit mehreren Freiheitsgraden und kraftschlüssige Einbindung. Als Konstruktionsmaterialien wurden nichtrostende Stähle und Aluminium verwendet.

Ver- und Entsorgung

Zur Beschickung der Anlage mit Bestrahlgut werden Transportcontainer und spezifische Ausrüstungen verwandt [4].

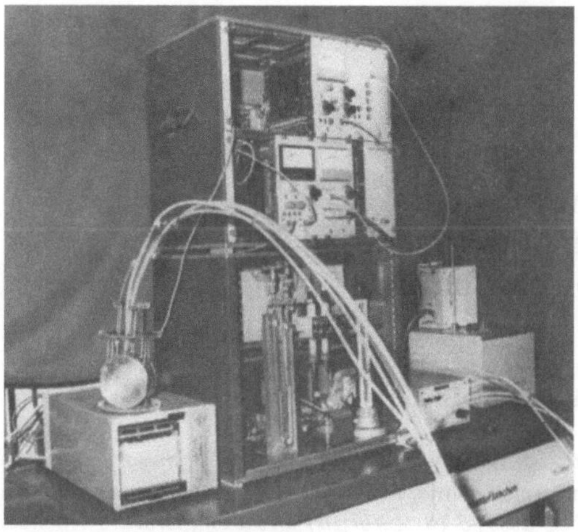

Abb. 2. Diffusionskammer mit Meßplatz

Der freie Raum über der Mündung des Kanals erlaubt die Beschickung mit Zusatzgeräten, die an relativ starre Ver- und Entsorgungsleitungen gebunden sind. In Abb. 2 wird eine angekoppelte Untersuchungsausrüstung mit zugehörigem Meßaufbau dargestellt.

Die Meßeinrichtungen befinden sich auf einem Tisch unmittelbar neben dem Kanal. Die Ankopplung der Ver- und Entsorgungsleitungen erfolgt über Spezialstecker mit Schnellspannverschluß; gebündelte Leistungsführung und systematisch wechselnde Stützringbefestigung garantieren eine hohe Flexibilität des Leitungsbündels in allen Richtungen.

Leistungsparameter

In unmittelbarer Nähe erzeugen die BSE eine Exposureleistung von maximal 10^6 R/h.

Mit solchen Dosisleistungen wurden die früheren Experimente (Kurzzeitbestrahlungen von Werkstoffen und Baugruppen) durchgeführt [3]. Diese Dosisleistung als oberer Grenzwert reicht aus, um nötigenfalls Vergleichsproben herzustellen.

Für Langzeitbestrahlungen sind Dosisleistungen zwischen 10^2 und 10^4 R/h erforderlich, derartige Dosisleistungen treten abhängig von den örtlichen Bedingungen in kerntechnischen Einrichtungen auf und sind u. a. die Leistungsparameter, denen Werkstoffe und Bauteile in der Praxis vorwiegend ausgesetzt sind.

Durch die Variation der Anzahl der eingesetzten BSE, ihre Auswahl nach ihrer Vorgeschichte, ihre Anordnung in den Speicherplätzen, die Positionierung des Bestrahlgutes im Kanal und eventuell die Einbringung des Bestrahlgutes in Absorbermaterialien läßt sich die Dosisleistung variieren, damit sind praxisnahe Simulierbestrahlungen von Werkstoffen und Bauteilen möglich. Die Länge des aktiven Teils der BSE beträgt $600 \pm {20 \atop 30}$ mm. Über eine Länge von 250 mm (Mitte der aktiven Zone) wurden mit Dosisleistungsabweichungen von weniger als -15% durchaus akzeptable Werte gemessen. Wird diese Länge für Bestrahlungen genutzt, können etwa 2,5 dm³ Bestrahlgut dort bestrahlt werden.

Ausblick

Die Nutzung der Anlage hat gerade erst begonnen. Zunächst werden unter statischer Belastung Untersuchungen bestrahlter Materialien bei anliegendem Strahlfeld durchgeführt. Es ist geplant, die Einrichtung auch für Untersuchungen an Werkstoffen bei zusätzlicher Einbringung dynamischer Belastungsfaktoren (Dauerschwingung, zyklische Belastungen u. a.) auszurüsten. Zu gegebener Zeit wird an gleicher Stelle über die eigentlichen Untersuchungen berichtet werden. Wir danken allen, die bei der Realisierung des Projektes mitgewirkt haben.

Eingegangen am 21. 12. 1983

Literatur

[1] *W. Suckow*, Dissertation, AdW, Berlin 1968
[2] *W. Hertle, F. Schmidt, W. Tzscheutschler*, ZfK-422, 1980
[3] *W. Tzscheutschler, H. Steinkopff*, ZfK-unveröffentlicht, 1981
[4] *W. Tzscheutschler, K. Teske, W. Hertle, F. Schmidt*, ZfK-451, 1981
[5] *W. Hertle, W. Tzscheutschler, F. Schmidt*, ZfK-489, 1982
[6] *L. Wuckel, W. Koch*, Isotopenpraxis 8 (1972) 1
[7] *H. Wilski*, Kunststoffe 60 (1970) 716
[8] *K. Arakawa* et al., J. Polym. Sci. Chem. Ed. Vol. 19 (1981) 2123

Isotopenpraxis 21 (1985) 1, S. 13

Buchbesprechung

Vom Elektron zur Elektronik
Die Geschichte der Elektrizität

K. Sattelberg. Erw. Neuauflage. Aarau/Schweiz: AT Verlag 1982. 316 S., illustr.; geb. DM 44,– ; Fr. 40,–

Die Isotopen- und Strahlentechnik ist ohne die Elektronik praktisch nicht existent, und wie in fast allen Wissens- und Wirtschaftszweigen spielt letztere auch hier, insbesondere in Form der Mikroelektronik, eine ständig zunehmende und in vieler Hinsicht sogar umgestaltende Rolle. Der Isotopen- und Strahlentechniker ist folglich fortwährend mit Wirkungen der Elektrizität und der Elektronik konfrontiert. Er muß versuchen, sein Schulwissen auf diesem Gebiet anzuwenden und auszubauen, wobei er sich naturgemäß u. a. des Lehrbuchs, der speziellen Fachliteratur, der Gerätebeschreibungen bedienen muß, was dem Nichtelektroniker durchaus nicht immer leichtfällt. Das vorliegende Buch könnte hier ein wichtiges Bindeglied darstellen, das diesen mit seiner erzählenden Schreibweise wieder an die Grundlagen der Elektronik heranführt, ihn neugierig macht und ermuntert, tiefer in das ihm eigentlich fremde Fachgebiet einzudringen. Für den Elektroniker, aber auch den Elektrotechniker und natürlich jeden einschlägig Interessierten ist es dagegen in erster Linie eine sehr schön zusammengefaßte Geschichte der Elektrizität, wobei nicht das theoretische Grundwissen, sondern die Bemühungen der Wissenschaftler und Ingenieure um die Aufklärung einer in den Anfängen schleierhaften Naturerscheinung, das Auffinden der der Elektrizität und ihrer Wirkungen innewohnenden Gesetzmäßigkeiten, deren Lebensarbeit und Schicksale im Vordergrund stehen.

Das Buch vermittelt dem Leser, von geschichtlichen und technischen Tatsachen ausgehend, einen Streifen der Technikgeschichte. Die Darstellungen erstrecken sich von der vorgeschichtlichen Zeit mit den mystischen Deutungsversuchen der Blitze über die Periode der großen Entdeckungen auf dem Gebiet der Elektrizität und ihrer fast unüberschaubaren nützlichen elektrotechnischen und elektronischen Anwendungen bis hin zur modernen Computertechnik.

J. Holzhey

Isotopenpraxis 21 (1985) 1, S. 14 bis 18

Further Studies on the Effects of ^{60}Co γ-Ray Irradiation, Temperature and Medium of Preparation on the Electrical Conductivity of Copper Complexes of Quinaldic Acid and Some Quinaldates

M. M. Abou Sekkina

(Chemistry Department, Faculty of Science, Tanta University, Tanta, Egypt)

Several samples of copper(I)complexes of quinaldic acid, methyl- and ethyl quinaldates have been prepared and characterized in the solid state. Extensive measurements of thermogravimetric analysis (T.G.A.), the temperature dependence of electrical conductivity and the action of energetic gamma absorbed dose (5.18×10^7/rd) on the temperature dependence of electrical conductivity were conducted and discussed in details. The semiconductivity of materials investigated was established under experimental conditions used.

Mehrere Proben von Kupfer-(I)-Komplexen der Chinaldinsäure, von Methyl- und Äthylchinaldaten wurden angefertigt und im festen Zustand charakterisiert. Umfangreiche Messungen im Rahmen der thermogravimetrischen Analyse (TGA) und der Bestimmung der Temperaturabhängigkeit der elektrischen Leitfähigkeit wurden durchgeführt und eingehend diskutiert. Die Halbleiterfähigkeit der untersuchten Materialien wurde unter den bestehenden Versuchsbedingungen ermittelt.

Keywords

activation energy; cobalt 60; electric conductivity; gamma radiation; quinaldine; thermal gravimetric analysis

Introduction

In an earlier report, it was demonstrated that careful examination of the electrical properties as a function of composition is a powerful tool for elucidating the constitution of semiconducting thiazine iodine complexes [1]. For example, the resistivity-composition isotherm of the phenothiazine—iodine system shows a shoulder as high as 800 ohm cm at a composition of two molecules of the thiazine to five atoms of iodine and also a minimum as low as 20 Ω cm at a composition of one molecule to three atoms. Moreover, a decrease in the activation energy for semiconduction by a factor of a half and a change in the sign of *Seebeck* coefficient from negative to positive can be observed at the former composition. Doi et al [2] studied the electrical properties and constitution of several low resistivity iodine complexes. They declared that, on the basis of compositions, a non-integral formal oxidation state for the organic molecules and the presence of iodine as tri-iodide or higher polyiodide ions are established for most of the complexes. The term "mixed valence" has been adapted for the description of the inorganic systems containing an element in two different oxidation states. Such systems are of great interest as their properties are quite frequently far from the sum of the properties of the two metal ions taken separately. The appearance of electronic conduction much higher than those in the compound containing either valence state alone as is exemplified by magnetic $Fe^{++}Fe_2^{+++}O_4$ is one of the striking features of many mixed valence compounds. Thus, *Matsunaga* and *Takayanagi* studied the electrical and optical properties of organic mixed valence compounds [3].

Quinaldic acid which is known as 2-quinoline-carboxylic acid finds its useful application in analytical chemistry [4—8]. Complexes of quinaldic acid with Al(III) [9], Fe(II) [10] and other metal ions [11—14] are reported in all of them. Quinaldic acid existed as quinaldate ion. In a previous publication [15] examination of complex formation between quinaldic acid and copper(I) ion had led to isolate a variety of complexes in which quinaldic acid exists as a neutral ligand. The synthesis and characterization of the isolated complexes including those derived from methyl and ethyl quinaldates were also reported [15].

In irradiation with ^{60}Co gamma rays, the compton effect has the largest cross-section [16] except for materials of very high atomic number and moreover, the number of atoms displaced ($cm^{-3}\,s^{-1}$) is maximum in the very light elements and diminishes [17] to zero around atomic weight 125. Irradiation with these rays therefore includes atomic displacements by the *Compton* electrons. Photoelectric and pair production events appear.

Careful literature survey, indicated that the electrical properties of quinaldates and the action of ionizing radiations on materials investigated have not been tackled before.

Thus, the major goal of the present investigation was to evaluate the effects of temperature and constitution on the electrical conductivity of solid copper(I) complexes of quinaldic acid and their methyl as well as ethyl quinaldates with an attempt to throw a light on their conduction mechanism and the effect of energetic radiation on their electrical conductivity.

Experimental

Quinaldic acid (HQdA) was supplied from Aldrich company. Methyl quinaldate (MeQd) and ethyl quinaldate (EtQd) were obtained from quinaldic acid according to the method recommended by *Vogel* [18] for the preparation of nicotinate esters and used by *Goher* and *Hafez* [15] with some modification (in the present study) to prevent against partial air oxidation:

Tab. 1. Thermogravimetric analysis (T.G.A.) data and some other physical properties of the prepared solid complexes

Sample No.	Sample	Solvent	Procedure	T.G.A. Decomp. temp., °C	Colour
1	[Cu(HQdA)Cl]	Ethanol	(a)	222	deep brown crystals
2	[Cu(MeQd)I]	Water	(b)	248	orange brown powder
3	[Cu(MeQd)I]	Water	(a)	250	dark brown crystals.
4	[Cu(EtQd)CN]	Water	(b)	246	yellow brown powder
5	$[Cu(MeQd)_2ClO_4]$	Water	(b)	250	orange crystalline fine powders
6	[Cu(MeQd)CN]	Ethanol	(a)	247	red orange crystalline powders
7	[Cu(MeQd)SCN]	Water	(b)	235	brown powder
7	[Cu(MeQd)Cl]	Ethanol	(b)	230	dark brown
9	[Cu(EtQd)SCN]	Water	(b)	242	brown powder
10	$[Cu_2(MeQd)I_2]$	Ethanol	(a)	256	dark brown

(a) Copper(I) salt was mixed with the ligand in a molar ratio of 1 : 2 in ethanolic or aqueous/ethanolic media and the mixture stirred for variable time. The final solution was boiled and the solvent was evaporated to one half its original volume and allowed to cool.

(b) Copper(II) sulphate pentahydrate aqueous solution was mixed with the ligand dissolved in water or ethanol, and ascorbic acid was then added at vigorously stirring until the solution become red. To this mixture an aqueous solution of KX was added dropwise with continuous stirring until the complex precipitated. $CuCl_2 \cdot 2\,H_2O$ was used for the preparation of chloride complexes either through reduction with ascorbic acid to form copper(I) chloride (procedure a) or mixed with the ligand before adding ascorbic acid (procedure b). Bis (quinaldate) copper(I) perchlorates were prepared according to procedure (b).

Solubility test, indicates that the complexes are generally soluble only in polar solvents, e.g. acetone, DMF and DMSO. Analytical data including conditions of the preparation and some physical properties of the isolated complexes are recorded in Tab. 1.

Thermogravimetric analysis (T.G.A.) was carried out for some representative samples of the isolated dried solid complexes, using an automatic recording thermobalance (U.S.A.) in air (20 – 380 °C). This was undertaken in order to evaluate the stability region for materials investigated for the subsequent electrical conductivity measurements at elevated temperatures.

For DC electrical conductivity measurements, the solid powders were compressed (400 Kgm/cm^2) into cylindrical disks of 2·2 cm diam. and 0·2 cm thick using stainless steel mould and hydraulic press. The two opposite surfaces of each pellet were coated with liquid silver paste to establish good contact areas of the pellet with the conductivity cell electrodes. The room temperature and temperature dependence of the DC electrical conductivity ($\log \sigma$ vs $10^3/T$ K^{-1}) were performed at the temperature range of (293 – 443 K) using the two probe technique and a well shield circuit [19], under an applied potential of 100 V. The readings were taken often after 15 minutes for each temperature equilibration.

The test samples were exposed to an absorbed gamma dose of $5{\cdot}18 \times 10^7$ rd using gamma radiation from ^{60}Co-gamma cell (activity 250 Ci). The irradiations were performed in air on preheated samples at 463 K to simulate the temperatures used in conductivity measurements.

For all of the above measurements, the data obtained were checked several times and in each case good reliable data were established.

Results and Discussion

From Tab. 1, different modifications were isolated in some cases depending upon the method of preparation and solvent used. This was correlated with their different IR absorption spectra and X-ray diffraction patterns as has been previously noted [15].

T.G.A. data (see Tab. 1) were helpful in evaluating the thermal stability of all materials as investigated in air oxygen. Results obtained indicated that the thermal stability of the isolated complexes against air oxidation does not follow the same trend as that observed for copper(I) complexes derived from other ligands [20]. The bromide complexes were found to be the least stable ones particularly for HQdA and EtQd. However, the iodide cyanide and isocyanate complexes are the most stable ones. This follows the following sequence of thermal stability;

$$I^- > CN^- > SCN^-$$

Thus, it can be seen that the steric effect seems to be the most predominant effect.

Accordingly, all the isolated copper complexes are fairly stable in air up to 222 °C. For the same anion radicals, the degree of stability was found to increase either with substitution in the organic ligand or with water as a medium of preparation.

Fig. 1 shows the behaviour of DC electrical conductivity ($\log \sigma$ Ω^{-1} cm^{-1}) as a function of temperature ($1000/T$ K^{-1}), for copper(I) iodide complex with methyl quinaldate and copper(I)iodide complex with methyl quinaldate. It can be easily seen that the electrical conductivity gets higher and the activation energy for conduction gets lower on going from aqueous prepared material to alcoholic prepared

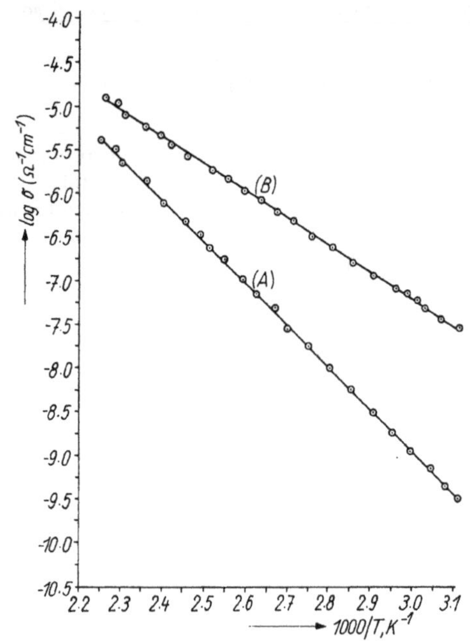

Fig. 1. A diagram showing the variation of DC electrical conductivity as a function of temperature for:

A – Cu(MeQd)I solid complex prepared in aqueous medium; B – Cu(MeQd)I solid complex prepared in alcoholic medium

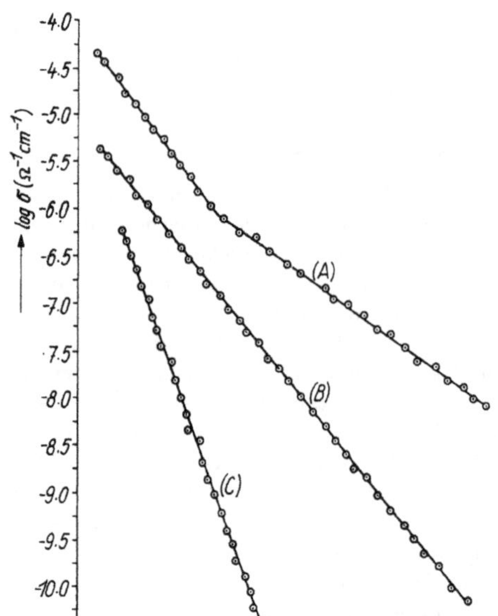

Fig. 2. A schematical representation showing the variation of DC electrical conductivity as a function of temperature for:

A – Cu(MeQd)CN solid complex; B – $Cu(MeQd)_2ClO_4$ solid complex; C – Cu(EtQd)CN solid complex

same material (see Fig. 1, curves A and B respectively). This may be correlated with differences in purity, crystalline structure and/or degree of crystallinity. Thus, in contrary to picolinic acid, quinaldic acid forms complexes with copper(I)halides. The complexes mentioned here are simply prepared by direct interaction between the components (procedure a) or by reduction of copper(II) in presence of the ligand by ascorbic acid (procedure b). Alternately, in some cases, a change of solvent or procedure of preparation is sufficient to produce modifications differing in the X-ray diffraction patterns and in some other related properties like their solid electrical conductivity. Fig. 2 includes the variation of electrical conductivity ($\log \sigma$, $\Omega^{-1}\,cm^{-1}$) as a function of temperature ($1000/T$ K^{-1}) for copper(I)cyanide complex with methyl quinaldate, Copper (I) perchlorate complex with methyl quinaldate and copper(I)cyanide complex with ethyl quinaldate.

It can be seen that curve (A) consists of two straight line portions separated by a knee temperature at 400 K. Values of 0·65 eV and 1·32 eV were evaluated for the activation energies corresponding to the low and high temperature regions, respectively. Since the activation energy for conduction is doubled at the high temperature side, thus we are dealing with electronic conduction mechanism in the low temperature region and ionic conduction mechanism in the high temperature side. This was in conformity with the materials solubility in polar solvents (see the experimental part). Comparing the data obtained in Fig. 2 reveals that values of electrical conductivity and activation energy for conduction are much similar for Cu(MeQd)CN, curve (A) and $Cu(MeQd)ClO_4$, curve (B) and much differ from those of Cu(EtQd)CN, curve (C). These indicate that substitution in the organic ligand has a consistent effect on the semiconducting parameters than in the anion group of the complex. The relatively low electrical conductivity of Cu(EtQd)CN (curve C) could be account foreby its relatively large cationic volume caused by substitution of Me with Et groups and thus would be its attendant low ionic mobility and high activation energy for conduction.

Fig. 3 shows a schematical representation for the variation of electrical conductivity as a function of temperature for copper(I)iodide complex with quinaldic acid $[Cu_2(HQdA)I_2]$. It is promising to note that this material has relatively high electrical conductivity and very low activation energy for conduction. Since ionic conductivity is the main predominant mechanism, thus the pronounced good semiconducting parameters are mainly probably attributed to the relatively high metallic portion (twice) per formula weight from one hand side, and the increasingly number of possible ions per unit formula weight from the other hand side. This inturn may allow further Cu(I) – Cu(I) interaction in the intended complex for which copper ions may act as a bridge offering an easier way for current flow across the organic ligand molecules [21]. $2\Delta E$ (Tab. 2)

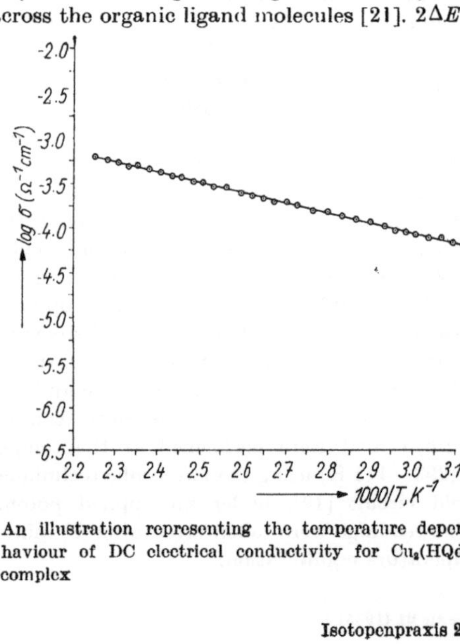

Fig. 3. An illustration representing the temperature dependence behaviour of DC electrical conductivity for $Cu_2(HQdA)I_2$ solid complex

Tab. 2. Values of the obtained electrical conductivity (log σ), activation energy (ΔE) for conduction and energy gap ($2\,\Delta E$) for the different prepared copper complexes of quinaldic acid as well as methyl and ethyl quinaldates

Complex	Log σ 0·0*) Ω^{-1} cm^{-1}	Log σ 25*) Ω^{-1} cm^{-1}	Log σ 100 Ω^{-1} cm^{-1}	ΔE eV	Energy gap eV
Cu(MeQd)I (aqueous)	−12·25	−11·00	−7·50	1·00	2·00
Cu(MeQd)I (alcoholic)	−9·25	−8·50	−6·25	0·64	1·28
Cu(MeQd)CN	−10·50	−9·50	−6·70	1·32	2·64
Cu(MeQd)ClO$_4$	−14·25	−13·00	−8·00	1·33	2·66
Cu(EtQd)CN	−24·00	−21·00	−11·70	2·80	5·60
Cu$_2$(HQdA)I$_2$	−5·00	−4·75	−3·80	0·22	0·44

*) by extrapolation

Tab. 3. Values of electrical conductivites (Ω^{-1} cm^{-1}) at different temperatures, ΔE and energy gap; (A) — before treatments, (B) — after heating and (C) — after the absorbed gamma dose ($5{\cdot}18 \times 10^7$ rd) for copper(I)chloride complex of quinaldic acid [Cu(HQAd)Cl]

Log σ 0·0*)			Log σ 25*)			log σ 100			ΔE eV			Energy gap eV		
(A)	(B)	(C)	(A)	(B)	(C)	(A)	(B)	(C)	(A)	(B)	(C)	(A)	(B)	(C)
12·15		−18·50		−10·75		−8·10		−11·00		0·80	1·24	1·60	1·60	2·48
	−11·95		−11·25		−16·75		−7·80		0·80					

*) by extrapolation

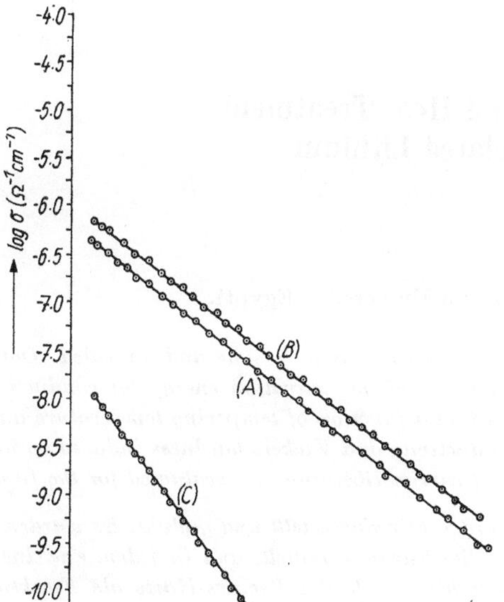

Fig. 4. A diagrammatical representation for the variation of DC electrical conductivity as a function of temperature for:
A — Cu(HQdA)Cl solid complex; B — Cu(HQdA)Cl solid complex preheated at 463 K for 1 h; C — Cu(HQdA)Cl solid complex after an absorbed gamma dose of 5.18×10^7 rd

is thus the energy gap separating the highest filled band or molecular level and the conduction band. Its value can be discussed in terms of single electron transition in the isolated molecule, and the overlap of π orbitals between neighbouring molecules in the solid state.

Application of DC voltage to all materials investigated resulted in current flow which is initially large and then decayed over a period of some minutes, to a steady state value. To avoid these polarization effects, all the DC conductivity measurements were made only after equilibrium conditions had been attained. Representative conductivity data are given in Fig. 1—3 in which the logarithms of the conductivities are plotted as a functions of inverse temperature. As regards, the DC conductivity curves readings were taken both on heating and cooling. The curves show that the behaviour was reversible indicating that there were no significant changes in either the specimens or the contacts during temperature cycling.

As depicted from electronic spectral measurements [15], the conductivity of these copper complexes is highly correlated in most cases with the existence of CT (charge transfer) transitions from the complelely filled d^{10} orbitals on copper(I) to an empty π^*-orbitals on the organic ligand molecules.

Fig. 4 represents the variation of DC electrical conductivity as a function of temperature for copper(I) chloride complex of quinaldic acid [Cu(HQdA)Cl] before treatments by either heat or absorbed gamma dose, sample preheated at 463 K, and after the absorbed gamma dose.

It can be easily seen that the temperature dependence of electrical conductivity, values of activation energy for conduction and energy gap for sample preheated at 463 K are very similar to those of the same sample before heat treatment (see Fig. 4 curves A and B). The observed slight increase of electrical conductivity as a result of heating at 463 K could be account foreby sintering and grain growth of the material. This is a good indication that chemical composition degree of crystallinity and crystalline structure remains constant. Thus, the investigated materials possesses high degree of thermal stability up to 463 K (see Tab. 1).

This figure (Fig. 4) was chosen as a representative example for studying the material stability against relatively high temperature as well energetic ionizing radiation damage as it was postulated that it is the least stable one as it has the lowest decomposition temperature (see Tab. 1).

For the effect of ^{60}Co gamma ray radiation damage (Fig. 4, curve C and Tab. 3) on the semiconductivity of material investigated, the DC electrical conductivity gets lower and the activation energy for conduction gets higher as a result of the absorbed gamma dose ($5{\cdot}18 \times 10^7$ rd).

This behaviour could be explained on the basis that gamma absorbed dose may lead to a partial destruction and/or polymerization of the complex which is more liable firstly to occur along the chelate bond [21]. Thus, it can be stated that gamma absorbed dose causes an increase in the concentration of existing levels or creates new donor levels. Alternately, the activation energy for carrier liberation [22] could be calculated for material investigated using the relation:

$$\varphi = \varphi_2 - \varphi_1 \quad (1)$$

where φ_2 is the activation energy for conduction after the absorbed gamma dose ($5{\cdot}18 \times 10^7$ rd) and φ_1 is the activation energy for conduction before the absorbed gamma dose (see Tab. 3). Thus, a value of 0·44 eV could be obtained for the activation energy of carrier liberation for the irradiated copper(I)chloride complex with quinaldic acid [Cu(HQAd)Cl].

Received October 19, 1983

References

[1] *S. Doi, T. Inabe, Y. Matsunga*, Bull. Chem. Soc. Jpn **50** (1977) 837

[2] *S. Doi, A. Fujita, S. Ikeura, I. Inabe, Y. Matsunaga*, Ibid **52** (1979) 2494

[3] *Y. Matsunaga, K. Takayanagi*, ibid **53** (1980) 2796

[4] *R. A. K. Majumdar, J. O. Gupta*, Z. Anal. Chem. **161** (1958) 100

[5] *R. A. K. Majumdar, J. O. Gupta*, ibid **16** (1958) 181

[6] *R. A. K. Majumdar, J. P. Ray*, Anal. Chim. Acta **22** (1960) 549

[7] *B. W. Benerjee, J. P. Ray*, J. Ind. Chem. Soc. **35** (1958) 299

[8] *K. Shinra, K. Y. Kawa*, J. Chem. Soc. (Jap.) **75** (1954) 44

[9] *M. B. Koromantzou, G. A. Pneimeticakis*, Chem. Ind. **25** (1976) 1089

[10] *A. Kuman, J. Buddhodwesen*, J. Ind. Chem. Soc. **27** (1950) 245

[11] *R. L. Dutta, L. Subrata*, Sci. Cult. **26** (1962) 139

[12] *P. O. Lumme*, Soumen Kemistilehti **B.31** (1962) 294

[13] *G. Condoreili, A. Seminara*, Bull. Acc. Gioenia (Catania) **VIII** (1965) 799

[14] *A. Seminara, Musumeci*, J. inor. nucl. Chem. **39** (1977) 599

[15] *M. A. S. Goher, A. K. Hafez*, Bulletin De La Societe Chimique De France No. 7–8 (1980) 289

[16] *R. D. Evans*, "The Atomic Nucleus". New York: Mc Graw-Hill 1967

[17] *G. J. Dienes, G. H. Vineyard*, "Radiation Effects in Solids". New York: Interscience 1957

[18] *A. Vogel*, "A Textbook of Organic Chemistry". London: Longman 1956

[19] *M. M. Abou Sekkina, T. M. Salem, M. F. El-Shazly, A. El-Dissouky*, Thermochimica Acta 48 (1981) 1

[20] *N. Marisch, A. Camus, E. Cebulec*, J. inor. nucl. Chem. **34** (1972) 933

[21] *M. M. Abou Sekkina, A. El-Dissouky, M. Osman*, Thermochimica Acta 55 (1982) 231

[22] *Yu. B. Viadiminiskii, T. I. Nikitinskaya*, Sov. Solid. State Phys. 7 (1966) 2912

Isotopenpraxis 21 (1985) 1, S. 18 bis 23

Effects of ^{60}Co Gamma-Ray Radiation Damage and Heat Treatment on the Electro-Mechanical Properties of Some Related Lithium Alumino-Borosilicate Glasses

M. M. Abou Sekkina[1]), *I. A. Gohar, A. A. Megahed*

(Chem. and Phys. Dept., Faculty of Science, Tanta and El-Mansoura University, Egypt).

Various samples of lithium alumino-borosilicate glasses have been prepared in a pure state and annealed. Data have been taken on the temperature dependence of DC electrical conductivity and the activation energy for conduction was evaluated in each case. Vickers hardness data have also been obtained as a function of tempering temperature and time for all glass compositions. A co-ordinated explanations of the DC conductivity and Vickers hardness induced by ionizing radiation are put forward and the activation energy for the process of carrier liberation are evaluated for the first time.

Verschiedene Proben von Lithium-Aluminium-Borsilikatgläsern wurden rein dargestellt und geglüht. Es wurden Daten über die Temperaturabhängigkeit der elektrischen Leitfähigkeit für Gleichstrom ermittelt, und in jedem einzelnen Fall wurde die Aktivierungsenergie für die Leitfähigkeit ermittelt. Weiterhin wurde die Vickers-Härte als Funktion der Warmbehandlungstemperatur und der Zeit für alle Glaszusammensetzungen festgestellt. Eine koordinierte Erklärung für die Gleichstrom-Leitfähigkeit und die durch ionisierende Strahlung induzierte Vickers-Härte wird gegeben. Zum ersten Male wurde die Aktivierungsenergie für den Prozeß der Trägerfreisetzung ermittelt.

Keywords

borosilicate glass; electric conductivity; electrical properties; gamma radiation; mechanical properties; radiolysis; Vickers hardness

Introduction

Borate glasses find their superior property having their good thermal shock resistance for sealing to metals.

Alkali ion motion in glass is important because of its fundamental relation to many properties such as electrical resistivity, chemical durability and ion exchange kinetics. Previous work has concentrated on binary-silicate glasses and there is relatively little data for borate glasses. Below the glass transformation temperature (T_g) the electrical conductivity and alkali diffusion coefficient (D_{Na}) are much lower in $Na_2O-B_2O_3$ glasses [1] than in Na_2O-SiO_2 glasses [2–7] but the reasons for this are not known. Borate glasses [8] exhibit smaller internal friction peaks

[1]) Author to whom all correspondence to be addressed; Chem. Dept., Faculty of Science, Tanta University, Tanta, Egypt

Mitteilungen / Information

IAEA: NEUER GOUVERNEURSRAT FUER 1984/1985

Der neukonstituierte Gouverneursrat der IAEA waehlte am 1.10.84 den Vertreter von Aegypten, Botschafter Mohamed El-Taher SHASH zum Vorsitzenden fuer 1984/85. Stellvertreter sind: John KELSO (Australien) u. Georg SITZLACK (DDR). Auf der 28. ordentl. Tagung der Generalkonferenz, die am 29.9.84 zu Ende ging, wurde die Empfehlung des abtretenden Gouverneursrates einstimmig gebilligt, unter Aenderung des Artikels VI.A.1, die Anzahl der Mitglieder von 34 auf 35 zu erhoehen. Die Generalkonferenz waehlte die folgenden 11 Mitgliedstaaten fuer eine zweijaehrige Amtszeit in den Gouverneursrat: Argentinien, Ecuador, DDR, Griechenland, Indonesien, Elfenbeinkueste, Jordanien, Malaysia, Marokko, Norwegen und Peru. (IAEA-Pressekommunique (1984) 20)

Kurznachrichten / Newlets

Experten:
ZUR KOMPETENZ DES FACHMANNES

Anlaesslich einer Informationstagung der Schweizer Informationsstelle fuer Elektrizitaetsanwendung referierte Dr. P. Suter, Professor an der ETH Zuerich fuer Energiesysteme, ueber Moeglichkeiten und Grenzen der Alternativenergien, ueber deren moeglichen Anteil stark abweichende Zahlen zu hoeren sind. Zum Teil ist dies auf die unterschiedliche fachliche Kompetenz der "Experten" zurueckzufuehren. Was fuer einen Stellenwert haben denn eigentlich die Alternativenergien? Fuer die einen sind sie unbedeutend und unrentabel, eine Verschleuderung von Zeit, Material und Energie. Fuer die anderen koennen sie einen riesigen Anteil an unserer Energieversorgung uebernehmen. Wer hat recht? Die Diskrepanzen sind zum Teil auf die unterschiedliche fachliche Kompetenz der "Experten" zurueckzufuehren. Zuerst sei deshalb empfohlen, jeweils nach der Kompetenz zu fragen, mit der eine Meinung geaeussert wird. Dabei lassen sich drei Stufen unterscheiden:
Stufe 1: Kompetenz des Fachmannes, der sich durch eigene Arbeit ein originales Urteil auf dem betreffenden Gebiet erworben hat.
Stufe 2: Kompetenz des einsichtigen Gebildeten, der die von anderen erarbeiteten Unterlagen wissenschaftlich korrekt sichtet und anwendet.
Stufe 3: Kompetenz des ehrlichen Buergers, der sich, durchaus legitim, zu techn.-politischen Fragen aeussern kann und auch muss. Jede dieser Stufen ist ehrenwert, sofern sie offen dargelegt wird. Die breite Oeffentlichkeit ist sich oft nicht bewusst, dass insbes. Physiker zu Fragen der Nukleartechnik vielfach hoechstens mit Kompetenzstufe 2, meist aber nur mit Kompetenzstufe 3 Stellung nehmen koennen, also mit nicht mehr Kompetenz als ein Theologe oder ein Journalist; dasselbe gilt aber auch fuer Kernenergiefachleute, welche sich zur Solartechnik aeussern. (Atomwirtschaft/Atomtechnik 29 (1984) 8+9, S. K+U II)

Radiooekologie:
Black-Bericht ueber Sellafield

Am 24.6.1984 veroeffentliche die von der britischen Regierung eingesetzte unabhaengige Untersuchungskommission unter dem Vorsitz des renommierten Arztes Sir Douglas Black den Bericht zu ihren Erhebungen ueber die moeglicherweise erhoehte Haeufigkeit von Krebserkrankungen in West Cumbria. Die Kommission war zur Untersuchung der Behauptung eingesetzt worden, die radioaktiven Emissionen aus der Wiederaufarbeitungsanlage von Sellafield seien die Ursache fuer die Haeufung von Leukaemiefaellen in der Umgebung. In ihren Schlussfolgerungen aus den sehr umfangreichen Erhebungen haelt die Black-Kommission fest, es gebe keinerlei Beweise dafuer, dass die Wiederaufarbeitungsanlage Sellafield ein Gesundheitsrisiko fuer die lokale Bevoelkerung darstelle. Die festgestellten Faelle von Leukaemie zeigten zwar eine Haeufung in der Umgebung von Sellafield, aber solche Haeufungen seien auch in anderen Gegenden ausserhalb des Bereichs von Nuklearanlagen beobachtet worden. Verschiedene Erklaerungen kaemen in Frage. Eine Beziehung zwischen den Leukaemiefaellen und der Wiederaufarbeitungsanlage sei keineswegs nachgewiesen. Um der Sache auf den Grund zu gehen, schlaegt die Kommission eine Reihe zusaetzlicher Untersuchungen in der Region und in Grossbritannien vor. (P.H. nach "Investigation of the Possible Increased Incidence of Cancer in West Cumbria", Report of the Independent Advisory Group; Chairman: Sir Douglas Black) (SVA-Bulletin (1984) 14/15, S.17)

Kernenergetik:
TMI-2: REAKTORDECKEL JETZT ABGEHOBEN

Als wichtiger Schritt bei den Aufraeumarbeiten im havarierten amerikanischen Kernkraftwerk Three-Mile-Island-2 (TMI-2) bei Harrisburg wurde Ende Juli 1984 der Reaktor geoeffnet. Beim Abheben des schweren Stahldeckels des Reaktor-Druckgefaesses wurde entgegen anderslautenden Presseberichten niemand "verstrahlt" oder "verseucht". Im Gegenteil erreichten die Strahlendosen der Arbeiter nur die Haelfte der erwarteten Werte, und die Strahlenpegel innerhalb der Anlage waren tiefer als vorausberechnet. Die Umgebungsueberwachung bestaetigte zudem, dass beim Abdecken des Reaktors keine radioaktiven Stoffe nach aussen drangen. (SVA-Bulletin (1984) 14/15, S. 17)

Kernbrennstoff:
STANDORTWAHL FUER ANLAGEN DES BRENNSTOFFKREISLAUFS IN JAPAN

Die Japanese Federation of the Electric Power Industry hat am 18.4.1984 die Halbinsel Aomori am Nordende der Insel Honshu als Standortgebiet fuer die geplanten kommerziellen Anlagen fuer die U-Anreicherung und die Wiederaufarbeitung abgebrannter Kernbrennstoffe sowie fuer die Lagerung schwachradioaktiver Abfaelle bezeichnet. Die genauen Standorte der einzelnen Anlagen, die den Betrieb Mitte der 90er Jahre aufnehmen sollen, sind noch zu bestimmen. Die Gruendung der Bau- und Betriebsgesellschaft fuer die kommerzielle Gaszentrifugenanlage fuer die U-Anreicherung wird im laufenden Jahr erwartet. Die Kapazitaet dieser Anlage wird mit 1500 t Trennarbeitseinheiten (TAE) pro Jahr angegeben. Die Kapazitaet der bei Ningyo Toge im Bau stehenden Demonstrationsanlage der Power Reactor & Nuclear Fuel Development Corporation (PNC), die den Betrieb 1987 aufnehmen soll, betraegt 200 t TAE/a. Die kommerzielle Wiederaufarbeitungsanlage soll von der Japan Nuclear Fuel Service Company gebaut und betrieben werden. Es wird von einer praktischen Wiederaufbereitungskapazitaet von 600 bis 800 t/a, bei einer Auslegungskapazitaet von 1200 t/a, gesprochen. (SVA Bulletin (1984) 12, S. 6)

NEUEINSCHAETZUNGEN DER AUSTRALISCHEN U-VORKOMMEN - 30% DER WELTURANRESERVEN

Nach den juengsten Zusammenstellungen des australischen Bureau of Mineral Resources (BMR) befinden sich nicht weniger als 30% der U-Vorkommen der Welt in Australien. Neue Berechnungsmethoden und zusaetzliche U-Exploration sind fuer die Heraufsetzung dieses Anteils verantwortlich. Bisher war dieser Wert auf etwas ueber 20% geschaetzt worden. Die nachgewiesenen U-Reserven der Preiskategorie 80 US-Dollar/kg U erhoehten sich von 314 000 t auf 474 000 t. Weltweit fallen 1,585 Mio t U in diese Kategorie. Die vermuteten U-Reserven derselben Preiskategorie sollen sich auf 235000 t oder 31% der Weltvorkommen belaufen. In der Preiskategorie 80-130 US-Dollar/kg U soll Australien ueber 10,4% der nachgewiesenen und ueber 31% der vermuteten U-Reserven der Welt verfuegen. Das BMR schaetzt, dass sich die noch unentdeckten U-Vorkommen Australiens mit einer

75%igen Wahrscheinlichkeit auf ueber 2,6 Mio t und mit einer 50%igen Wahrscheinlichkeit auf ueber 3,9 Mio t belaufen. Wie das BMR weiter mitteilte, belief sich die Uranoxidproduktion Australiens 1983 auf 3795 t und lag damit bedeutend unter den 5215 t von 1982. Diese drastische Reduktion war einerseits auf die Schliessung der Mine Mary Kathleen und andererseits auf eine Minderproduktion der beiden Minen Ranger und Nabarlek zurueckzufuehren. Angesichts dieser Entwicklung forderte ein kuerzlich vom Australian Science and Technology Council verfasster Bericht einen massiveren U-Abbau. (SVA-Bulletin (1984) 12, S. 5)

URANRESSOURCEN NOCHMALS HOEHER EINGESCHAETZT

Die Kernenergieagentur NEA der OECD hat ihre Bewertung der U-Vorkommen in der westlichen Hemisphaere vom Dezember 1983 bereits wieder nach oben und die Schaetzung der kuenftigen moeglichen Nachfragen nach unten revidieren muessen. Entsprechend werden die heute als gesichert geltenden Reserven fuer die Versorgung aller bis ins erste Jahrzehnt des kommenden Jahrhunderts ans Netz gehenden Kernkraftwerke waehrend deren gesamten Betriebszeit ausreichen. Das wichtigste neue Element in den Ressourcenschaetzungen der NEA sind die nachgemeldeten Angaben ueber die U-Vorkommen im Niger. Diese belaufen sich nun auf 454000 t U (bisherige Schaetzung 213000 t), wovon 170400 t abbaubar unter 80 US-Dollar/kg gesichert und zusaetzlich 283600 t geschaetzt. Ebenfalls neubewertet wurden ganz kuerzlich die fuer weniger als 80 US-Dollar/kg U (30 US-Dollar/Pfund U_3O_8) abbaubaren gesicherten Reserven Australiens, die dadurch von 314000 t U auf 474000 t U angestiegen sind. Weltweit ergibt sich damit eine Zunahme der fuer weniger als 80 US-Dollar/kg U abbaubaren Reserven und der fuer bis zu Kosten von 130 US-Dollar/kg U zu gewinnenden Reserven auf insgesamt 2,22 Mio t U. Auch in der Kategorie der zusaetzlichen geschaetzten Reserven meldet die NEA einen Zuwachs, und zwar auf 1,39 Mio.t.(SVA-Bulletin(1984)13,S.7)

Kernenergie: SYMPOSIUM UEBER HAFTPFLICHT UND VERSICHERUNGSWESEN

Mehr als 200 Fachleute aus ueber 40 Laendern nahmen vom 10. bis 14. 9. 1984 in Muenchen an einem Symposium ueber den derzeitigen Stand und die zukuenftige Entwicklung der Haftpflicht und des Versicherungswesens im Zusammenhang mit der Kernenergie teil. Veranstalter: Kernenergie-Agentur der OECD, NEA und IAEA. Bei dieser Gelegenheit soll das Haftungssystem, das durch 3 Anfang der 60er Jahre abgeschlossene Konventionen geschaffen wurde, um die Opfer eines potentiellen nuklearen Unfalls zu entschaedigen, einer Pruefung unterzogen werden. Auf dem Programm steht die Frage, wie die Hoehe der fuer nukleare Schaeden ausbezahlten Entschaedigungen zu vereinheitlichen waere. Der Grundsatz, dass der Betreiber eines Kernkraftwerks nur beschraenkt haftet, der in den einschlaegigen Konventionen festgelegt ist und auch von den meisten Staaten in der Gesetzgebung angewandt wird, soll ebenfalls neu ueberdacht werden. Einige Laender setzen sich gegenwaertig erneut damit auseinander, mit der Absicht, eine unbeschraenkte Haftung des Anlagebetreibers einzufuehren. Ein weiteres Diskussionsthema ist die Notwendigkeit, das Haftungssystem fuer nukleare Schaeden auf die Endphasen des nuklearen Brennstoffkreislaufs, wie Entsorgung und Stillegung von Kernanlagen, auszudehnen. Die Konventionen ueber Haftung fuer nukleare Schaeden - das Pariser Uebereinkommen ueber die Haftung gegenueber Dritten auf dem Gebiet der Kernenergie aus dem Jahre 1960, die Bruesseler Zusatzkonvention von 1963 und die Wiener Konvention ueber zivilrechtliche Haftung fuer nukleare Schaeden von 1963 - haben eine spezielle Regelung fuer die Haftung auf nuklearem Gebiet eingefuehrt, die man folgendermassen zusammenfassen kann: absolute und ausschl. Haftung des Betreibers der betreffenden Anlage, zeitliche und quantitative Begrenzung der Haftung sowie Verpflichtung des Anlagenbetreibers, sich fuer seine Haftpflicht durch eine Versicherung oder andere finanzielle Sicherstellung zu decken. (IAEA-Pressekommunique (1984) 18)

GLOBALE PROGNOSEN

Die Problematik einer ausreichenden Energieversorgung der Menschheit ist seit mind. einem Jahrzehnt Gegenstand nationaler Diskussionen. Dabei zeigte es sich, dass echte Prognosen zur Energieversorgung die oekonom. Entwicklung, das Bevoelkerungswachstum, die verfuegbaren Ressourcen und die Umweltsituationen beruecksichtigen muessen. Fundierte Voraussagen bis zum Jahre 2030 werden in der Studie "Energy in a Finite World" des Internat. Instituts fuer Angewandte Systemanalyse (IIASA) in Laxenburg/Oesterreich getroffen. Unter den Praemissen einer strikten Sparsamkeit bei der Energieverwendung und eines stoerungsfreien internationalen Handels mit Energietraegern wird prognostiziert:

	1981 (%)	2000 (%)	2030 (%)
Erdoel	44,5	35,0	22,4-19,1
Kohle	29,2	28,8-29,3	28,8-33,6
Erdgas	18,8	18,6	15,5-16,7
Kernenergie	1,3	9,4-10,3	23,0-22,7
Wasserkraft	6,1	6,1-4,9	6,5-4,1
Sonnenenergie	0	0,7-0,6	1,3-1,4
sonstige	0	1,3	2,3

Das IIASA schaetzt ein, dass die Zunahme des CO_2-Konzentration eine globale Temperaturerhoehung um 0,5 K bewirken wird. (Nach: U. Kausmann, Techn. Gemeinschaft (1984) 9, S. 21-22)

Uranhexafluorid: FAKTEN ZUM "MONT LOUIS"-UNTERGANG

Nach einer Kollision sank am 25.8.84 der franzoesische 4200-t-Frachter "Mont Louis" nahe der belgischen Kueste. Das Schiff hatte u.a. 30 Behaelter mit insgesamt 360 t Uranhexafluorid (UF_6) geladen, die aus der franzoesischen Uran-Konversionsanlage Comurhex in Pierrelatte zur Anreicherung in die Sowjetunion mit Bestimmungshafen Riga unterwegs waren.

WIE GEFAEHRLICH IST URANHEXAFLUORID ?

Uranhexafluorid, Ausgangsmaterial fuer die Urananreicherung, wird seit Jahren in Mengen von vielen tausend t/a auf dem See- und Landweg transportiert. Dabei ist noch niemand zu Schaden gekommen. UF_6 wird in international genormten, stabilen 16-mm-Stahlbehaeltern transportiert, die Transportunfaelle aushalten. Auch beim Untergang der "Mont Louis" ist kein UF_6 ausgetreten. In den USA haben UF_6-Behaelter schwere Eisenbahnunfaelle unversehrt ueberstanden. Natuerlich ist die Frage berechtigt, was passieren wuerde, wenn die Behaelter trotzdem bersten oder nach Jahren im Meerwasser durch Korrosion leck werden. UF_6 ist bei Raumtemperatur, also auch in den Behaeltern, ein Feststoff (Dampfdruck ca. 0,1 at; d.h., im Behaelter herrscht Unterdruck). In einen lecken Behaelter dringt also Luft bzw. Wasser ein. In Wasser, auch durch die Feuchtigkeit der Luft, wird UF_6 zu Uranylfluorid und Fluorwasserstoff zersetzt. Beide Produkte sind wasserloeslich. Bei der Reaktion wird Waerme frei (ca. 50 kcal/mol). Im Zusammenhang mit dem Unfall der "Mont Louis" ist von Gefaehrdung durch austretende Radioaktivitaet, durch die aetzende Flusssaeure sowie von moeglichen Explosionen gesprochen worden. Die Gefaehrdung durch radioaktive Strahlung ist gering, da Uran nur schwach radioaktiv ist und die hauptsaechlich abgegebene Alpha-Strahlung bereits von der Behaelterwand zurueckgehalten wird. Bei Landunfaellen kann man den Zutritt von Feuchtigkeit und damit die Zersetzung des UF_6 stoppen, indem man das Leck abdichtet. Im Wasser wird die Zersetzung des UF_6 fortschreiten, jedoch wird durch das umgebende Wasser die Reaktionswaerme abgefuehrt, und die Reaktionsprodukte werden verduennt. Von Explosionen kann keine Rede sein.

Flusssaeure wird im leicht alkalischen Meerwasser neutralisiert: es entstehen Fluoride. U-Salze und Flouride sind bereits in erheblichen Mengen im Meerwasser enthalten: U zu ca. 3 t/km³, d.h. mehrere tausend Tonnen im engl. Kanal. Der natuerliche Fluorgehalt des Meerwassers ist tausendmal groesser. Es waere also auch dann keine Katastrophe zu befuerchten, wenn die gesamte Ladung der "Mont Louis" aus den Behaeltern in den Kanal geriete und sich in Meerwasser aufloeste. (Nach: H. Mohrhauer, Atomwirtschaft/Atomtechnik 24(1984)10, S. K+U III)

Ankündigungen / Announcements

INTERNATIONALE LEIPZIGER FRUEHJAHRSMESSE '85
Mustermesse mit Techn. Messe - 10.-16.3.1985 in Leipzig/GDR

SAMA '85
3. Int. Fachmesse von Spitzentechniken - 11.-18.4.1985 in Basel/CH
Fachgebiete: Produktion, Automation, Industrieroboter, Oberflaechenbehandlung

Veröffentlichungen / Publications

CARBOHYDRATE METABOLISM OF TISSUES
I. Krompecher and M.B. László - Akadémiai Kiadó, Budapest, 1983, 214 pp.

ROUND TABLE CONFERENCE ON FOOD PRODUCTION - NUTRITION - HEALTH
S. Rajki and A. Bruce - Akadémiai Kiadó, Budapest, 1983, 250 pp.

Ausgewählte Beiträge / Recently published papers

ATOMWIRTSCHAFT/ATOMTECHNIK 29(1984)6
Rechtliche Aspekte der Inbetriebnahme des Kernkraftwerks Zwentendorf - F. Staudinger

HTR-500 fuer den Strom- und Waermemarkt - R. Baust et al.

Die Uranversorgung der Welt

Neue Kernkraftwerke in Europa 1984 (Teil II)

J. RADIOANAL. NUCL. CHEM. - LETT. 85(1984)6
Determination of constituent elements in some Nigerian medicinal plants by thermal neutron activation analysis - Ch.L. Ndiokwere

Lipophilic technetium complexes Technetium chelates of some O, N, S donor Schiff bases - H. Spies et al.

A new method for Tc-99m generator preparation - D.V.S. Narasimhan et al.

Determination of trace amounts of chlorine in hydraulic fluid by INAA - Y. Nir-El et al.

A study of tritium labelling by solid-state catalytic reductive dehalogenation - A.V. Filikov et al.

DEUTSCHE MEDIZINISCHE WOCHENSCHRIFT 109(1984)12
Atomwaffenversuche und Krebshaeufigkeit (S.479): Weltweit werden die Langzeitwirkungen der Kernwaffentests auf 29 000 bis 72 000 Krebstodesfaelle und 168 000 Faelle genetischer Schaedigung geschaetzt (nach: C.J. Johnson, J. Amer. med. Ass. 251(1984)230)

ANGEWANDTE CHEMIE 96(1984)5
Elektronenuebertragung zwischen Metallkomplexen - ein Rueckblick (Nobel-Vortrag) - H. Taube

"... die Chymie anwendbarer und gemeinnuetziger zu machen" - Wissenschaftlicher Orientierungswandel in der Chemie des 18. Jahrhunderts - C. Meinel

Fluessigkristalle : Ein Werkzeug fuer Chiralitaetsuntersuchungen - G. Solladie et al.

ATOM (1984)328
Procuring uranium for Britain - M. Townsend

Radioactive waste - L. Roberts

Energy for the Poor World - D. Pooley

The Sizewell Inquiry

ATOM (1984)329
Environmental monitoring around Sellafield - N.G.M. Coverdale

A history of pitchblende - J.R. Morgan

Commissioning AGRs - L. Price

JET and the European fusion research programme

ATOM (1984)330
Prototype Fast Reactor (PFR) steam generator experience - R.F. Jackson

Whither National Nuclear Corporation - L. Price

Fast Reactor Agreements

Reports on the Sellafield incident

ATOM (1984)331
Electrochemical decontamination (Its role in the management of metallic radioactive waste) - A.D. Turner et al.

PFR superheater and reheater replacement and evaporator repair - R.F. Jackson

Maintenance of nuclear power stations in the UK - J. Bindon

ATOM (1984)332
JET and fusion (The background to the success story of the Joint European Torus)

JET in pictures (From Greenfield site to the official opening)

Energy priorities and options for the European Community - C.J. Audland

Conference reports (Seismicity/Public acceptance/Liquid sodium/Risks, benefits and cost effectiveness)

Atom (1984)333
The changing structure of the Authority - P. Searby

The UKAEA's contribution to JET

Rapid simulation using low cost parallel computation - M.G. Singh et al.

NRPB independence recognised - J. Dunster

Spin off - the UKAEA's non-nuclear work

ATOM (1984)334
The tokamak fusion test reactor - H.P. Furth

Role of simulation in training nuclear power station operating engineers in the CEGB - P.B. Myerscough

WARMS - a continuos on-line environmental and emergency radiation monitoring system - D. Ramsden

Public hazards and curious news values - J. Wilkinson

Decommissioning - a growth area conference report

ATOMKERNENERGIE-KERNTECHNIK 45(1984)2
Mathematische Vergleichsbetrachtung von zweistufigen Adsorptionsfiltern - S. Pfaffelhuber u.a.

Strahlenwirkung und -anwendung Einfluss von O_2, NO_2, H_2O, C_2Cl_4 und Cyclohexan auf die radiolytische Zersetzung von CCl_2F_2, $CClF_2$-$CClF_2$ u. CCl_2F-$CClF_2$ in fluessiger Phase - W. Fuerst u.a.

Positronenemissions-Tomographie - K. Wienhard u.a.

Ein Fissions-Fusions-Hybridsystem mit optimiertem D-^{3}He-Satellitenreaktor - G. Pantis

Reduzierung des Flussdichtegradienten thermischer Neutronen bei Brennstoffexperimenten im Materialtest-Reaktor - P. Zeisser u.a.

ATOMKERNENERGIE-KERNTECHNIK 45(1984)1
Emerging Nuclear Energy Systems 3rd Int. Conference, Helsinki, 1983 (contd.)

New developments in heavy ion fusion - W.B. Herrmannsfeldt

Neutron feedback inertial confinement fusion - G.H. Miley

A feasibility study about the high current, high current density charged particle beam propagation - A. Paulin et al.

Fission reactor studies in view of reactor waste programmes - H. Murata et al.

A strategy for fueling early large prototype fast reactors - C. Braun et al.

SECURE - the heat only nuclear reactor - L. Stengaerde

Problems of development of fast reactor self-fuel-provision without fuel reprocessing - I.S. Slesarev et al.

Albedo of 14 MeV neutrons from a lead wall - J.J. Arkuszewski et al.

On a new variant of the mould method for treatment of liquid radioactive wastes - Chr. Daiev et al.

Some heuristic remarks on X-ray laser systems using nuclear generators - W. Seifritz

BIOLOGIČESKIE NAUKI (1984)6
Photosynthetic carbon metabolism in cotton leaf onthogenesis (using C-14-carbon dioxide) (Russ.) - M.M. Yakubova et al.

Br.J. NUTRITION 51(1984)1
Intestinal radiocalcium absorption in the goat: measurement by a double-isotope technique (using Ca-45 and Ca-47) - K. Hove

Effects of 1 α-hydroxylated metabolites of cholecalciferol on intestinal radiocalcium absorption in goats (using Ca-45 and Ca-47) - K. Hove

Br.J. NUTRITION 51(1984)2
The influence of previous iron intake on the estimation of bioavailability of Fe from a test meal given to rats (using Fe-59) - S.J. Fairweather-Tait et al.

Zinc homeostasis in man: studies using a new stable isotope-dilution technique (using Zn-67) - M.J. Jackson et al.

Linoleic acid and arachidonic acid metabolism in human peripheral blood leucocytes: comparison with the rat (using C-14-labelled linoleic acid and H-3-labelled arachidonic acid) - S.C. Cunnane et al.

Absorption and metabolism of the volatile fatty acids in the hind-gut of the rabbit (using 1-C-14-acetate, 1-C-14-propionate and 3,4-C-14-butyrate) - J. Marty et al.

The effects of dietary tryptophan levels on growth and metabolism of rainbow trout (using C-14-COOH-tryptophan) - M.J. Walton et al.

Br.J. NUTRITION 51(1984)3
Protein utilization in the young steer: digestion and nitrogen retention of N-15-labelled rumen bacterial protein - D.N. Salter et al.

Z.ANALYT. CHEM. 317(1984)5
New method for MS trace analyses of metals in biology and medicine (a review) - H.-R. Schulten et al.

Determination of trace elements in moss and soil samples as indicators for environmental pollution - A. Wolf et al.

CHEM. PHYS. LETT. 105(1984)2
The ionization potential of $^7Li_2$ and bond energy of $^7Li_2^+$ - R.A. Bornheim et al.

Electron affinities of the U_2F_n molecules ($8 \leq n \leq 12$) - A.T. Pyatenko et al.

A study of structural transformation rates in $NiTiF_6.6D_2O$ - R.L. Lichti

Ion cyclotron resonance excitation/de-excitation: a basis for stochastic Fourier transform ion cyclotron mass spectrometry - A.G. Marshall et al.

CHEM. PHYS. LETT. 104(1984)4
The vibration spectrum of H_3^+ and D_3^+. Three-dimensional basis selection and convergence of the low-lying vibrational Cl wavefunction - P.G. Burton et al.

Experimental and theoretical study of the V-->T,R relaxation of CD_4 between 300 and 100 K - E.A. Gregory et al.

J. PHYS. CHEM. 88(1984)4
Electron density and bond polarization effects in reactions of energetic C-11 leading to acetylene - R.M. Lambrecht et al.

FTJR study of the gas-phase reaction of $^{18}O_3$ with trans-CHCl=CHCl in $^{16}O_2$-rich mixtures. Branching ratio for O-atom production via dissociation of the primary Criegee intermediate - H. Niki et al.

CHEM. LISTY 78(1984)2
Determination of U by differential pulse polarography - J. Polak

RADIOCHIM. ACTA 33(1984)4
Chemical behavior of C-11 produced in liquid ammonia - R. Iwata et al.

The first hydrolysis crustant of U-VI - M.S. Caceci et al.

Hydrogen evolution from tritiated water in silica gel by γ-irradiation - M. Nakashima et al.

Substoichiometric radiochemical separation of Th - N. Muralidhar et al.

INTERNAT. J. CHEM. KINETICS 16(1984)3
Reaction of hot H atoms with CD_3Br - G.A. Oldershaw et al.

CANAD. J. CHEM. 62(1984)7
Theory of ^{13}C and ^1H paramagnetic shifts in uranocene. Does it indicate f orbital covalency? - B.R. McGarvey et al.

than those found in alkali silicate glasses. *Tsuchiya* et al. [9] studied the electrical properties of silver containing oxide glasses in the temperature range 20—130 °C. In the case of conductivity, an anomaly was found for boric oxide at the composition 16 mol% Na_2O in the $Na_2O-B_2O_3$ glasses but no anomaly was found in the $Ag_2O-B_2O_3$ glasses. *Abou Sekkina* [10] studied the effects of heat treatments and active mineralizers on the electronic conductivity and related properties of silicate glasses deducing a useful tool for controlling the desired quality of silicate glass semiconductors to suit their industrial application. *Douglas* [11] showed that indentation hardness can be correlated with the structure of glass and with variation in composition. This indicated a change in the viscosity or softening parameters of the glass. This goes with a previous assumption by *Powell* and *Preston* [12] that the hardness is a property that may be closely related to the mechanical strength of glass and to its low temperature viscosity. *Laetham* (13) pointed out that hardness values depended upon the instrumentation and the technical procedure used. For this reason, *Vickers* hardness tests were carried out keeping the geometrical factors of the indenter identical whatever the instrument used. Identical *Vickers* indenter gave results reproducible with an accuracy of ± 3 per cent. The phenomenon of microhardness indentation needs to be correlated not only to any single property like strength but also to viscous flow, compaction and lubrication [14].

Radiation can be considered from the point of view of its effect rather than its characteristics. The effects are usually classed as either permanent or transient [15]. Thus, radiation effects in many oxides and ceramics [16—21] have been investigated.

The present investigation was undertaken to study the actions of Li^+ ion diffusion and boron configuration on the electrical conductivity as well as mechanical properties in lithium aluminoborosilicate glasses. Furthermore, it was also intended to offer a detailed account about the interaction of ionizing radiations with materials investigated including their prementioned electromechanical properties.

Experimental

Material synthesis and sample preparations were carried out using pure chemical grade starting materials (>99·8%) and following exactly the ceramic procedure and firing technique as that previously described elsewhere [22] in order to produce glass compositions as indicated in Tab. 1.

Tab. 1. Glass compositions prepared in the present investigation

Glass No.	Composition mol %			
	Li_2O	Al_2O_3	SiO_2	B_2O_3
Glass I	18	3	20	59
Glass II	24	3	20	53
Glass III	30	3	20	47
Glass IV	36	3	20	41

Samples of these compositions were prepared in the shape of approximately 15 × 10 × 3 mm³. All samples are finely polished from one side until they exhibited a faultless surfaces.

For the DC electrical conductivity measurements, the two parallel faces of the rectangular specimens were silver coated with silver paste in order to attain good electrode contact areas. The sample was situated between two platinum coated copper electrodes in an electric heated furnace. The DC electrical conductivity (1/resistivity) was measured using TM14-electrometer in the temperature range 310—588 K.

Vickers microhardness measurements were applied on the test samples (before silver coating) mounted on the objective stage of the Carl-Zeiss Vickers microhardness tester, and brought into the focus of the viewfinder objective (magnification 10×). The measuring objective (magnification 40×) was then engaged and the focus was adjusted. The indenter was set at its starting position and then released by a trigger. Under a load up to 100 gm, the indenter penetrated slowly into the glass for 10 seconds, then it was raised. After removing the indenter, the measuring objective was used to measure directly value of the diagonal of impressions in the measuring eye piece with an accuracy of about 1/10 of a micron. The average of 8 diamond-shaped indentations was measured for each sample with an estimated accuracy of $\pm 0{\cdot}5$ mμ. The *Vickers* hardness, H_v, (tetragonal pyramid) corresponding to an impression of diameter (diagonal) d, was calculated from equation (1):

$$H_v = 1854{\cdot}4\ (P/d^2) \qquad \text{kgm/mm}^2 \qquad (1)$$

where P, the load was expressed in gm and d in microns.

For gamma radiation exposure, the test samples were exposed to an absorbed gamma dose of 8 × 10⁷ rd using gamma radiation from ^{60}Co-gamma cell (activity 250 Ci). The irradiations were performed in air at room and elevated temperatures up to 588 K to simulate the experimental conditions used in conductivity measurements.

Results and Discussion

Fig. 1. represents a collective variations of the DC electrical resistivity as a function of temperature before and after gamma irradiation (8 × 10⁷ rd) for various glass compositions (I—IV). Since there was a negative temperature

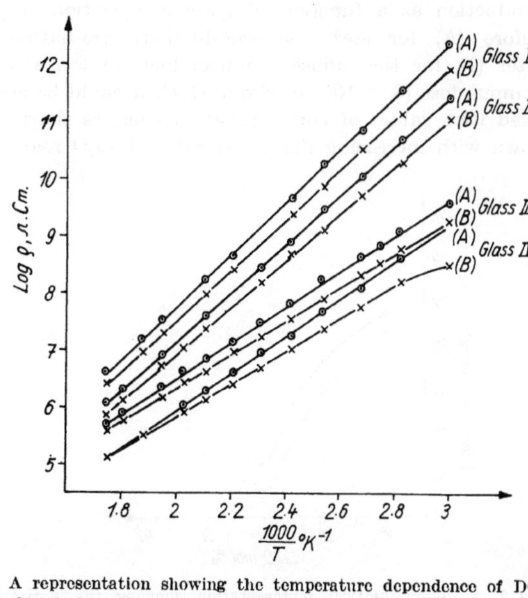

Fig. 1. A representation showing the temperature dependence of DC electrical conductivity for lithium aluminoborosilicate glasses (I—IV)

A — before irradiation; B — after irradiation

coefficient of electrical resistivity ($d\varrho/dT$) for each curve, thus all the specimens investigated have semiconducting conduction mechanism. The conductivity σ basically depends on the concentration of charge carriers (n), their charge (e) and mobility (μ) according to the relation;

$$\sigma = ne\mu \qquad (2)$$

The concentration of charge carriers, and hence the semiconductivity increase with temperature rise according to *Boltzmann*-type distribution with the activation energy (E_A) for the conduction process.

$$\sigma = n_0 e\mu \exp^{-E_A/KT} \qquad (3)$$

Mobility (μ) is thus the parameter which has received attention in studies of glass (amorphous) semiconductors. Thus Tab. 2. collects values of electrical resistivity (log σ_{50}), activation energy for semiconduction before and after irradiation ($8{\cdot}0 \times 10^7$ rd). The $2\Delta E$ is then the energy gap between the highest filled band (valence band) and the conduction band (see Tab. 2).

Tab. 2. Values of the obtained DC electrical resistivity (log σ_{50}), activation energy for conduction (kcal) and energy gap (kcal) before (A) and after (B) gamma irradiation (8×10^7 rd).

Glass No.	Log σ_{50}		ΔE		Energy gap	
	A	B	A	B	A	B
Glass I	−12·90	−12·30	21·39	20·59	42·78	41·18
Glass II	−11·90	−11·40	19·45	18·88	38·90	37·76
Glass III	−7·90	−7·60	14·30	13·16	28·60	26·32
Glass IV	−9·50	−8·50	14·87	13·73	29·74	27·46

From Tab. 2., it can be easily seen that the electrical resistivity, activation energy for semiconduction and energy gap get lower as a result of gamma irradiation. This may be correlated with the formation of donor defects and set freeing up of bridging oxygen, respectively, by the absorbed gamma dose.

Fig. 2. represents the variation of activation energy for conduction as a function of glass composition (Li_2O%) before (A, for static semiconduction) irradiation and after (B, for the induced semiconduction) the absorbed gamma dose (8×10^7 rd). From which it could be emphasised that values of both activation energies sharply fall down with increasing the molar ratio of Li_2O reaching a minima at ≅30 mol % Li_2O after which the ΔE values no more considerably increase again. This support our opinion that both lithia addition as well as gamma irradiation weaken the glass structure by breaking the B—O—B and/or Si—O—Si bonds, thus facilitating the flow of current and diminishing the energy gap (see Fig. 2., and Tab. 2). Thus, it can be stated that [23] gamma absorbed dose causes an increase in the concentration of existing levels or creates new donor levels. Thus, the activation energy for carrier liberation [24] could be calculated for materials investigated using the relation;

$$\varphi = \varphi_2 - \varphi_1 \qquad (4)$$

where φ_2 is the activation energy for conduction after the absorbed gamma dose (8×10^7 rd) and φ_1 is the activation energy for conduction before irradiation (see Tab. 3).

Tab. 3. Values of the obtained activation energy for carrier liberation as a result of gamma absorbed dose (8×10^7 rd) and the Vickers hardness (H_v) values for various glasses

Glass No.	Activation energy for carrier liberation kcal	H_v kg/mm²
Glass I	0·80	310
Glass II	0·57	670
Glass III	1·14	780
Glass IV	1·14	650

From this table (Tab. 3) it can be easily seen generally that the activation energy for carrier liberation increases with increasing Vickers hardness explaining the conformity amongst results obtained by different tools and the role played by Li_2O diffusion, in strengthening the chemical bonds, degree of compactness of lattice network and densification.

Fig. 3. shows the variation of *Vickers* microhardness (H_v) as a function of Li_2O (mol %) for sample heated at 490 °C for 5 h. Results obtained indicated that, beyond 24 mol % Li_2O, the H_v values suddenly rise up reaching a maximum at 30 mol % Li_2O then gradually decrease again. The increased H_v values could be correlated with the decreased grain size of microcrystals [25]. This indicates that maximum nucleation takes place for sample containing 30 mol % lithium fired for 5 h at 490 °C. Beyond 30 mol % Li_2O crystallization and micro-crystal

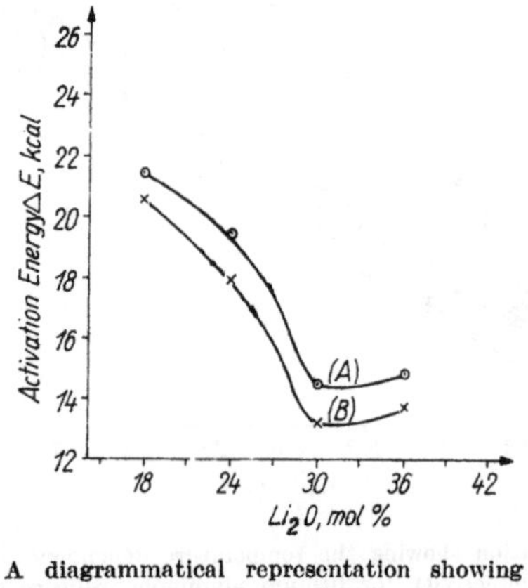

Fig. 2. A diagrammatical representation showing the variation of activation energy for semiconduction as a function of lithia content

A — before irradiation; B — after irradiation

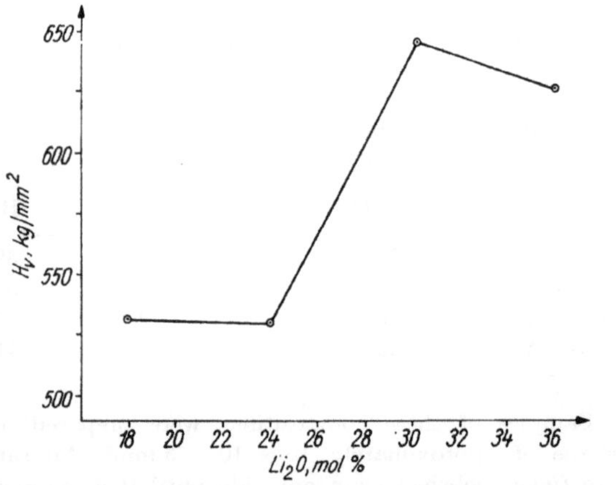

Fig. 3. An illustration including the variation of *Vickers* hardness as a function of Li_2O content

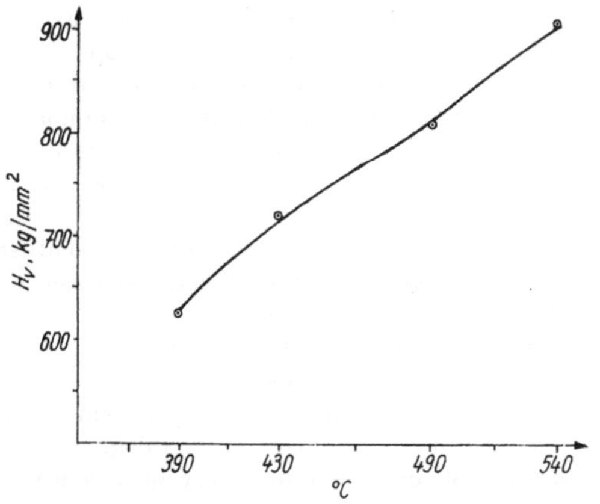

Fig. 4. The variation of *Vickers* hardness (H_V) as a function of tempering temperature

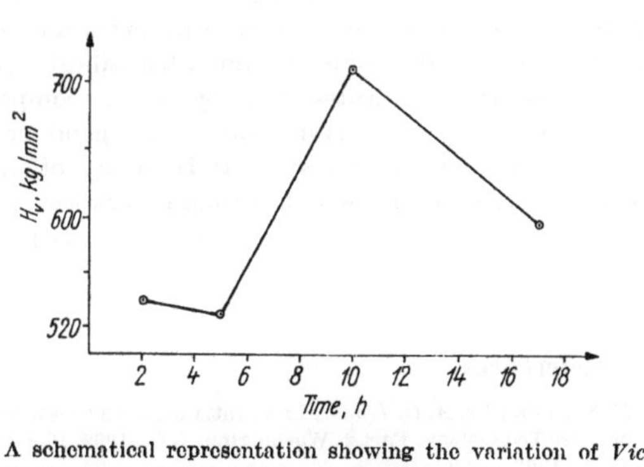

Fig. 5. A schematical representation showing the variation of *Vickers* hardness as a function of tempering time

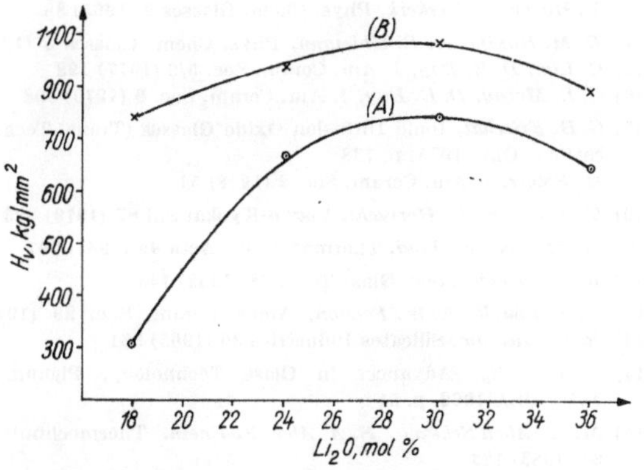

Fig. 6. A diagram showing the variation of *Vickers* hardness as a function of lithia content;

A – before irradiation; B – after irradiation

growth and/or phase separation may take place thus decreasing densification and *Vickers* hardness values [26].

Fig. 4. includes the variation of *Vickers* hardness for glass III (30 mol % Li_2O) as a function of tempering temperature for constant tempering time of 5 h. The observed increase of H_v with increasing firing temperature could be correlated with the increased density and degree of compactness in the same direction.

Fig. 5. shows the variation of Vickers hardness as a function of tempering time at constant tempering temperature (490 °C) for glass II. Beyond 5 h, the H_v values sharply increase reaching a maximum corresponding to 10 h as a soaking time and then decrease again. The increase in *Vickers* hardness values could account foreby the increased glass density in this region beyond which the occurrance of micro-crystal growth, decreased viscosity and phase separation, all contribute for the decreased Vickers hardness.

The effect of ionizing radiation (8×10^7 rd) as well as glass composition (Li_2O, mol %) on *Vickers* microhardness are clearly shown in Fig. 6. before and after irradiation. From which it was deduced that the Vickers hardness values gradually increase up to 30% Li_2O and then decrease again with increasing lithia content. Gamma irradiation increases the hardness of glasses investigated, thus it may act as a modifier for an induced high mechanical properties. Fortunately, it is promising to note that Fig. 6. is nearly a mirror image to Fig. 2. reflecting a further support of the view that all present data hold good.

General Discussion and Conclusion

As a result of gamma absorbed dose (8×10^7 rd), the specimens acquire yellowish brown colour. This colouration in glasses is attributed to the concept of colour centres in crystalline materials like alkali halides. The term "colour center" which requires special electronic configurations in a solid that give rise to optical absorption for a normal transparent spectral region [27]. The most important defects related to colour center phenomena are: (a) – interstitial ions, (b) – vacant lattice sites, (c) – impurities, (d) – dislocation.

Yokota (28) showed that the colour center in glass is a positive hole trapped at an alkali ion vacancy and also to the electron trapped at non-bridging oxygen vacancies where the influence of the nearby alkali ions would be left. *Kats* and *Stevels* [29] assign this to an electron trapped at a cation located in an interstice which contains no non-bridging oxygens and also to an electron trapped at a non-bridging oxygen vacancy adjacent to an alkali ions. *Wieringen* and *Kats* [30] have found trapped-electron and trapped hole centers by paramagnetic resonance measurements. *Yokota* [28] has made similar studies on alkali diborate glasses, where the observations are similar to glass disilicates.

Thus, in the present lithium alumino-borosilicate glasses, the colour centers are plausibly attributed to trapped hole center (V-center) and trapped electron center (F-center).

It is known that when the coloured glasses are warmed or illuminated with light of appropriate wavelength, the colour can be destroyed "bleached" [31]. This is readily understandable in view of the fact that an electron trapped by a positively charged defect comprises a system analogous to a hydrogen atom. As such it has various excited states into which it can be excited thermally or by absorption of sufficient energy, whereas, the electron can be completely freed from the defect. Similar to this, the hole can be completely freed from its defect. In the present study i.e. for lithium alumino-borosilicate glasses (I–IV), the colour centers of these glasses can be attributed to the trapped electrons at non-bridging oxygen vacancies, also to the trapped positive hole at a lithium ion vacancy. This is because in our present case (at >12 mol % Li_2O) the formed (BO_4) tetrahedra begin to convert into (BO_3) triangles causing an increase in the non-bridging oxygen. This means that non-bridging oxygen increases with Li_2O content [32]. From Fig. 1, 2 and 6, it was shown that the DC electrical resistivity of all glasses investigated decreases whereas the *Vickers* hardness increases by irradiation (8×10^7 rd). This trend can also be explained on the basis of destruction of the formed colour centers by heat treatments during resistivity measurements leaving behined a defective microcrystal lattices. The destruction of colour centers by heating set freed holes and electrons from their defects. These electrons and holes increase the resultant electrical conductivity i.e. decrease the electrical resistivity and its attendant activation energy for semiconduction as shown in Fig. 1 and 2 and Tab. 2). Radiation induced colouration of the more conventional inorganic glasses has been of interest from the earliest observations of the "salonization" of glasses. This phenomenon which is the colour change of glass as a result of exposure to sunlight is usually explained as a radiation induced change in valence of some multivalent constituents of commercial glasses, notably manganese or iron. Thus, colouration of glasses by energetic radiation was observed. The more recent studies of colouration in glasses have barrowed heavily from the concepts of colour centers in crystalline materials like alkali halides. Purified glasses suffer dislocation under appropriate irradiation from which it follows that the constituents of the base glass itself or defects are involved in colour center formation [28, 29]. *Yokota* [28] and *Kats* and *Stevels* [29] have studied the colouration of alkali silicate glasses of single composition and high chemical purity. In the present investigation, the observed colouration of glasses after gamma irradiation (8×10^7 rd) could be account in accordance with *Yokota* [28] as an evidence of a V-colour center (a positive hole, trapped at an alkali ion vacancy) and to the F-center (electron trapped at non-bridging oxygen vacancy), where the influence of the nearby alkali ions would be left. *Kats* and *Stevels* [29] agreed that both visible absorption bands are due to trapped electron centers, but they propose separate model for them.

Mechanically, glass behave like a brittle material when it is loaded and its hardness is measured as a residual impression of the penetration after the load has been removed. This view of brittleness of glass is not universally endorsed. Arguments have been advanced that glass deforms plastically under sufficiently high stress. *Razumavskaya* et al. [33] assumed that the mechanism of inorganic glass deformation was carried out by two stress relaxation processes. The first stage was associated with elastic deformation of the glass network without rupture of the chemical bonds while the second stage was associated with diffusion of sodium ions (lithium ions herein) at room temperature or with diffusion of oxygen ions at 100 to 200 °C. *Uhlmann* [34] observed a pronounced maximum in densification studies of alkali silicate glasses in the vicinity of 10 mol % alkali oxide. These maxima are taken to reflect a competition between two processes, one of which is the variation of molecular mobility with composition and should lead to increasing densification with alkali concentration (see Fig. 3 and 6). In accordance with *Stewart* et al. [35], the densification of these glasses was associated with a decrease in void space in the glasses due to the filling effect of ions. These interpretations are, however complicated by the changes in boron coordinations from triangle to tetrahedra which occur over the composition ranges studied. It can be assumed that the microindentation in these lithium aluminoboro-silicate glasses investigated might have resulted largely from plastic deformation through co-operative atomic movement depending on the bonding forces between the atoms, ease of mobility of the atomic aggregates and field strength of the respective cations. The relatively high value of diamond pyramid hardness for these glasses can be located upon by the presence of B_2O_3 in high proportions. Thus, the structure of glass studied in the present manuscript was considered to consist of borate and aluminate phases [36, 37]. It can be suggested that some kind of flow was facilitated by the so called loose ends or non-bridging atoms. The effect of trivalent or tetravalent metal oxide was attributed to the relatively higher bond strength between the cations and oxygen ions together with the field strength of these cations.

Alternately, results obtained were all in conformity leading to promising deductions:

Glass III (30 mol % Li_2O) is highly considered to have higher bonded molecular structure and degree of compactness of the network than for other glasses investigated herein. Accordingly, gamma irradiation as well as chosen tempering conditions (time and temperature) find their useful application in modifying the semiconducting as well as mechanical (electromechanical) properties of the present investigated lithium alumino-borosilicate glasses. Thus, glass III constitutes the optimum composition having best quality glass semiconductor and good mechanical durability (high hardness), that is to say offers high resistant to scratch for glass electronic industries.

Received November 2, 1983

References

[1] *K. S. Evstropiev, A. O. Ivanov*, Proc. Int. Congr. on Glass, Advances in Glass Technology, Part 2, Washington, D.C., 1962, Plenum Press N. Y., 1963, p. 79

[2] *K. Otto, M. E. Milberg*, J. Am. Ceram. Soc. **6** (1968) 326

[3] *Y. Haven, B. Verkerk*, Phys. Chem. Glasses **2** (1965) 38

[4] *R. M. Hakim, D. R. Uhlmann*, Phys. Chem. Glasses **5** (1971) 132

[5] *C. Lim, D. E. Day*, J. Am. Ceram. Soc. 5/6 (1977) 198

[6] *G. L. Mcvay, D. E. Day*, J. Am. Ceram. Soc. 9 (1970) 508

[7] *G. H. Frischat*, Ionic Diffusion Oxide Glasses (Trans. Tech. Publications, Ohio 1975) p. 138

[8] *H. Rotger*, J. Am. Ceram. Soc. 2 (1958) 54

[9] *T. Tsuchiya, T. Horiuchi*, Yogyo-Kyokai Shi **87** (1979) 223

[10] *M. M. Abou Sekkina*, Thermochimica Acta **49** (1981) 297

[11] *R. W. Douglas*, Soc. Glass Tech. **42** (1958) 145

[12] *H. E. Powell, E. W. Preston*, Amer. Ceram. Soc. **28** (1945) 145

[13] *R. V. Laetham*, Silicates Industries **30** (1965) 331

[14] *W. B. Hillig*, Advances in Glass Technology, Plenum Press, N.Y., USA 1962, p. 51

[15] *M. M. Abou Sekkina, S. A. Abou El-Enein*, Thermochimica Acta **64** (1983) 123

[16] *R. Kelly, H. M. Naguib*, Proc. Intern. Conf. on Atomic Collision Phenomena in Solids, North-Holland, Amsterdam 1970, p. 172

[17] *H. M. Naguib, R. Kelly*, J. Phys. Chem. Solids **13** (1972) 1751

[18] *J. F. Kircher, B. E. Bowman*, Effects of Radiation on Materials and Component, Reinhold, N.Y. 1964, p. 279

[19] *P. J. Harrop, N. J. N. Wilkins, J. N. Wanklyn*, Proc. Brit. Ceram. Soc. **2** (1967) 279

[20] *P. W. Levy*, Misc. Pub. Nat. Bur. Stand. (U.S.A.) No. 7 – 12 (1966) 21

[21] *E. M. H. Ibrahim, S. B. Hanna, M. M. Abou Sekkina*, Arab. J. Nucl. Scien. Appl. **11** (1978) 99

[22] *I. A. Gohar, A. A. Megahed, M. M. Abou Sekkina*, J. Phys. Chem. Glasses (in the course of publ. 1983)

[23] *R. D. Dugiabe*, Report of Bristol Conf. on Defects in Cryst. Solids. The Phys. Soc., London 1955, p. 246

[24] *Yu. B. Viadiminiskii, T. I. Nikitiniskaya*, Sov. Solid State Phys. **7** (1966) 2912

[25] *M. Tashiro*, Proc. Fifth Intern. Congr. on Glass, Sheffield, UK 1969

[26] *J. H. Li, D. R. Uhlmann*, J. Non-Cryst. Solids **3** (1970) 205

[27] *R. W. Pohl*, Proc. Phys. Soc. **49** (1973) 3

[28] *R. Yokota*, Phys. Rev. **95** (1954) 1145

[29] *A. Kats, T. M. Stevels*, Philips Research Repts **11** (1956) 115

[30] *J. S. Van Wieringen, A. Katz,* Philips Research Repts **12** (1957) 432
[31] *I. A. Gohar,* M. Sc. Thesis, Assuit Univ., Egypt 1973
[32] *M. M. Abou Sekkina, I. A. Gohar, A. A. Megahed,* J. Non-Cryst. Solids (in publication, 1983)
[33] *I. V. Razumovskaya, L. L. Mukhina, G. M. Bartenev,* Dokl. Akad. Nauk SSSR Tech. Phys. **213** (1973) 822
[34] *D. R. Uhlmann,* J. Non-Cryst. Solids **13** (1973 – 74) 89
[35] *D. R. Stewart, G. E. Rindone, F. Dachille,* J. Am. Ceram. Soc. 50 (1967) 467
[36] *A. E. Owen,* Phys. Chem. Glasses **2** (1961) 87
[37] *H. A. El-Batal, G. M. Ashour, A. H. Metwally,* Cent. Glass Ceram. Res. Inst. Bull. **17** (1970) 117

Isotopenpraxis **21** (1985) 1, S. 23 bis 25

Study of the Effect of Gamma Radiation on the IR Spectra of Polypropylene

F. M. Abdel Kerim[1]), *A. M. Elagrami*[2]), *E. H. El-Kalla*[3])

([1]) N.R.C. Spectroscopy Unit.; [2]) A.E.E. Production Department; [3]) Fac. of Science – Al Azhar University)

The IR spectra of polypropylene in the range 700 – 1800 cm⁻¹ has been measured before and after radiation. The principal changes in the molecular structure were the improvement in the stereoregularity and the formation of the carbonyl group C=O and conjugated double bonds (C=C–C= ...).

Die IR-Spektren von Polypropylen im Bereich von 700 – 1800 cm⁻¹ wurden vor und nach der Bestrahlung gemessen. Die wichtigsten Veränderungen in der molekularen Struktur bestanden in der Verbesserung der Stereoregelmäßigkeit sowie der Bildung der Karbonyl-Gruppe C=O und konjugierter Doppelbindungen (C=C–C= ...).

Keywords

gamma radiation; infrared spectra; oxidation; polypropylene; radiation chemistry; radiolysis

Introduction

The effect of γ-radiation on the molecular structure of polypropylene (PP) have been studied by *Black* et al. [1] by means of viscosity measurements. He concluded that the change in molecular structure after irradiation is due to the formation of crosslinkage. *Charlesby* [2] has proposed a mechanism for the formation of conjugated double bonds due to irradiation of the vinyl polymers by γ-rays.

The aim of this work is: (a) to derive a correlation between radiation dose in the range $10^7 - 10^8$ rd and absorbance of the IR absorption bands of the PP, and (b) to investigate the physical and chemical changes induced in this polymer, such as changes in the concentration of the C=O groups, C=O of double bonds and degree of isotacticity.

Experimental

The PP was irradiated in the form of thin films 30 – 40 μ thick, and for irradiation the samples were kept in small container, while for vacuum irradiation the films were put in glass tubes and sealed under vacuum. The main irradiation source used was the ^{60}Co gamma 3500-NORATOM, present in the middle Eastern Regional Radioisotope Center for the Arab Countries, Dokki Cairo. The position of irradiation was calibrated by ferrous sulphate dosimeter and was found to give a dose rate of $5{\cdot}0 \times 10^5 \pm 5\%$ R/h in Jan. 1974.

IR over the range 700 – 1800 cm⁻¹ have been made using Beckmann double beam Infrared Spectrophotometer 4250. In most cases both ordinary and irradiated samples were measured against air. Base line technique was used for calculating the absorbance.

[1]) Address: Tahrir, Street. Dokki, Cairo/Egypt

Results and Discussions

IR spectra of PP: The spectra of PP before and after irradiation is shown in Fig. 1.

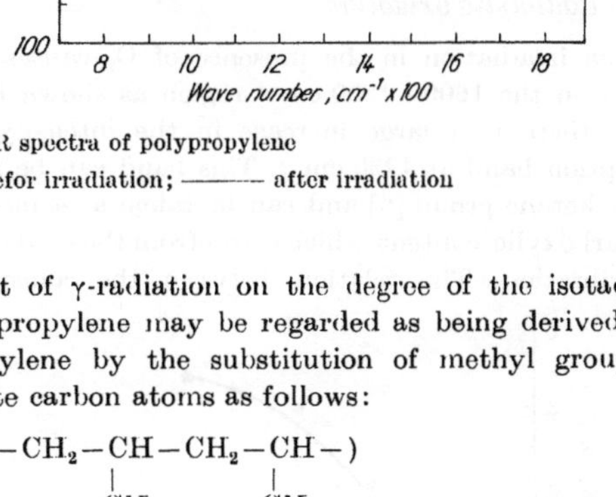

Fig. 1. IR spectra of polypropylene
- - - - - befor irradiation; ——— after irradiation

Effect of γ-radiation on the degree of the isotacticity of polypropylene may be regarded as being derived from polyethylene by the substitution of methyl groups on alternate carbon atoms as follows:

$$(-CH_2-\underset{\displaystyle CH_3}{\underset{|}{CH}}-CH_2-\underset{\displaystyle CH_3}{\underset{|}{CH}}-)$$

The material is termed "isotactic" if the methyl groups are on the same side of the chain, termed „atactic" if the arrangement is random [3]. *Luongo* [4] found that in the 100% isotactic infrared spectrum, both bands arising at 974 and 1000 cm⁻¹ are of the same intensity. Whereas in the 100 % atactic spectrum the absorption band at 1000 cm⁻¹ is only a shoulder, while the intensity of the band at 974 cm⁻¹ remains the same. *Tobin* [5] assigned the

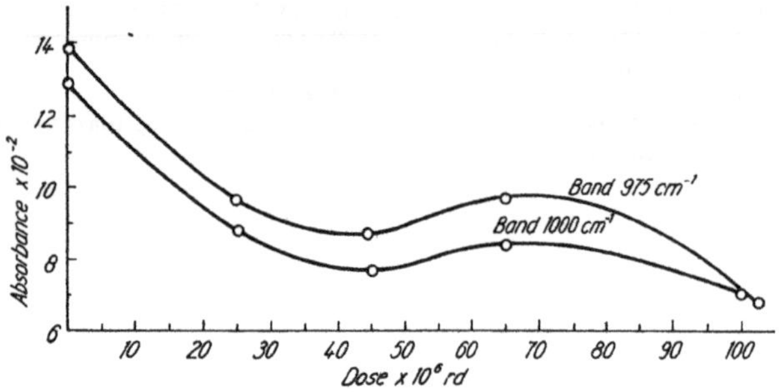

Fig. 2. Relation between absorbance and radiation dose for the two bands 975 and 1000 cm^{-1} of pp

1000 cm^{-1} band to the $C-CH_3$ group in the C–C stretching vibration. From Fig. 2 it can be shown that the intensities of the two bands at 974 and 1000 cm^{-1} decreases with increasing radiation dose, then increase again reaching maximum at a dose of 65 Mrd. After this dose these two bands decrease again.

The ratio of the intensities of these two bands can be used to determine the isotacticity in a sample [4]. This ratio at different doses has been given in Tab. 1. This ratio determine the percentage of the atactic fraction of the sample.

It can be shown from Tab. 1 that the isotacticity decreases with increasing the dose, then increases again. After a dose of 97 Mrd it reaches 100%.

Tab. 1. Measurements of the isotacticity at different doses for polypropylene in case of air irradiation

Dose Mrd	Optical density of 974 cm^{-1} band	Optical density of 1000 cm^{-1} band	Isotacticity
0	0·143	0·131	91·5%
25	0·097	0·086	89·0%
45	0·080	0·076	83·5%
65	0·097	0·083	85·5%
97	0·066	0·066	100·0%

Radiolytic oxidation

Gamma irradiation in the presence of O_2 causes a great change in the 1600–1800 cm^{-1} region as shown in Fig. 1 where there is a large increase in the intensity of the absorption band at 1730 cm^{-1}. This band can be assigned to the ketone group [6] and can be taken as a measure of the carboxylic content which arises from the C=O stretching vibration. The relation between the concentration

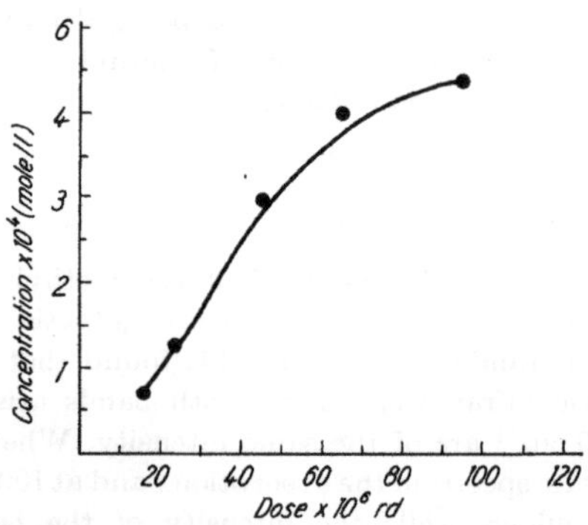

Fig. 3. Relation between the concentration of C=O group and radiation dose

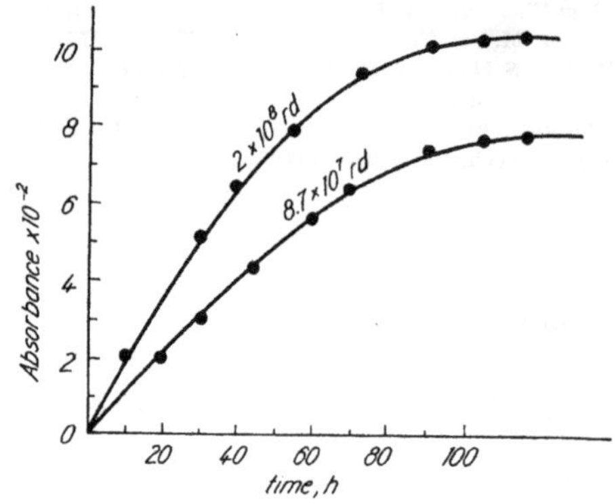

Fig. 4. Relation between absorbance and time in h of C=O group after irradiation in vacuo and exposure to air

(mol/l) of this group and the absorbed dose is shown in Fig. 3. The relation is linear and attained a maximum value after a dose of $9{\cdot}7 \times 10^7$ rd.

In case of vacuum irradiation followed by exposure to air a weak C=O group in this case may be due to the rapid reaction of the free radicals produced with O_2. The optical density of the C=O group increased with time after exposure in air and after about 100 h, it attained a saturation value as shown in Fig. 4.

Formation of conjugated double bonds

Fig. 5 shows the relation between absorbance and absorbed dose for conjugated double (C=C) stretching vibration which is formed at 1630 cm^{-1}. The relation is linear till radiation dose reaches 60 Mrd saturation starts to be seen. This indicates that the number of the C=C bonds increases with the increase of exposure dose.

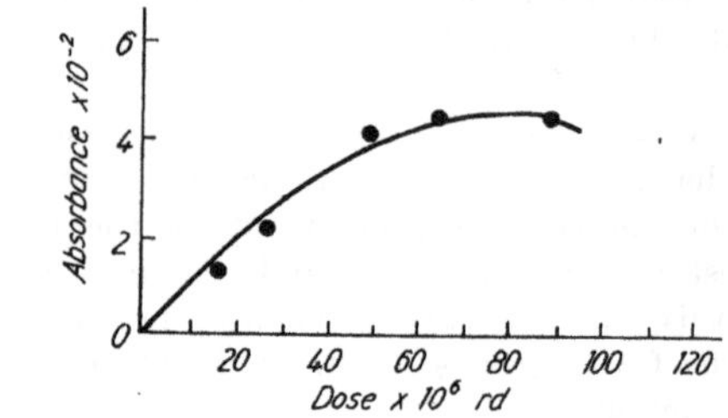

Fig. 5. Relation between absorbance and dose for the C=C stretching vibration formed due to irradiation of polypropylene

The appearance of this band indicates that formation of single cis-vinylene double bonds is acceptable, since the spectrum of the cis-isomer crotyle chloride also contains the band in this region (from 1630–1670 cm^{-1}) [7, 8].

Conclusion

Experimental investigation of the effect of γ-radiation dose ranging from $10^7 - 10^8$ rd on the spectra of PP indicates the following:

a) When PP is exposed to a γ-dose of 97 Mrd the degree of isotacticity increases from 91·5% to 100%. This means that irradiation leads to an improvement of the stereoregularity of polypropylene.
b) It can be used as a Mrd dosimeter in the range from 20–60 Mrd.

Received March 28, 1984

References

[1] *Black* and *Lyon*, Proc. Roy. Soc. **A253** (1959) 322
[2] *Charlesby*, Atomic Radiation and Polymers, Pergamon Press, Oxford and New York, 1960
[3] *Bolt* and *Caroll*, Radiation Effects on Organic Materials, New York and London: Academic Press 1963
[4] *J. P. Luonge*, J. Appl. Polymer Sci. **1960**, 139
[5] *Tobbin*, J. Chem. Phys. **23** (1955) 891
[6] *Zbinden* and *Rudelf*, in: Spectroscopy of High Polymers, New York and London: Academic Press 1964
[7] *Lawaton*, *Balwit*, and *R. S. Poweel*, J. Polymer Sci. **1958**, 32
[8] *Hatch* and *Nesbutt*, J. Amer. Chem. Soc. **72** (1950) 127

Isotopenpraxis **21** (1985) 1, S. 25 bis 28

Determination of Oxygen in Silicon Single Crystal by Reactivation Analysis

K. Shikano, K. Kudo, K. Kobayashi

(Ibaraki Electrical Communication Laboratory, Nippon Telegraph and Telephone Public Corporation Tokai, Ibaraki, 319-11; Japan)

Determination of fluorine adsorbed on inorganic ion exchanger was studied by activation analysis using $^{19}F(\gamma,n)^{18}F$ and $^{19}F(n,\alpha)^{16}N$ reactions. Hydrated tin dioxide and activated alumina were used as inorganic ion exchangers. After adsorption of fluorine on the column, the exchanger was irradiated by the linear electron accelerator and ^{252}Cf fission neutron source, and the content of fluorine was determined by reactivation. The determination of oxygen in silicon single crystal was studied by the reactivation analysis.

Die Bestimmung von Fluor, das an anorganischen Ionenaustauschern adsorbiert wurde, wurde mit Hilfe der Aktivierungsanalyse unter Nutzung der Reaktionen $^{19}F(\gamma,n)^{18}F$ und $^{19}F(n,\alpha)^{16}N$ untersucht. Hydriertes Zinndioxyd und aktivierte Tonerde wurden als anorganische Ionenaustauscher verwendet. Nach der Adsorption des Fluors an der Säule wurde der Austauscher mit Hilfe eines linearen Elektronenbeschleunigers und einer ^{252}Cf-Spaltneutronenquelle bestrahlt; der Fluorgehalt wurde mit Hilfe der Reaktivierung ermittelt. Die Bestimmung des Sauerstoffes in einem Silizium-Einkristall wurde mit Hilfe der Reaktivierungsanalyse untersucht.

Keywords

activation analysis; adsorption; fluorine; inorganic ion exchangers; monocrystals; oxygen; silicon

1. Introduction

In the activation analysis of oxygen, the measurement of ^{18}F produced by nuclear reaction on oxygen has been frequently employed for the determination of trace amounts of oxygen [1–2]. The radiochemical separation of ^{18}F is required for the accurate determination of oxygen at ppb level in various materials inducing high radioactivity by irradiation. We have already studied the radiochemical separation for fluorine with inorganic ion exchanger, the substoichiometric precipitation of fluorine as lanthanum fluoride and the steam distillation of fluorine as H_2SiF_6 [3–5].

In the separation of fluorine with inorganic ion exchanger, the correction of chemical yield of fluorine is required for determination of oxygen. *Y. Kamemoto* et al. have already reported the reactivation analysis in which the chemical yield was determined by re-irradiation of the sample [6].

In this paper, the determination of fluorine adsorbed on inorganic ion exchanger was studied by the activation analysis using $^{19}F(\gamma, n)^{18}F$ and $^{19}F(n, \alpha)^{16}N$ reactions, and also applied to the reactivation analysis of oxygen in silicon single crystal.

2. Experimental

2.1. *Reagent and apparatus*

^{18}F tracer was prepared by irradiating lithium carbonate in a nuclear reactor and dissolving in nitric acid. Hydrated tin dioxide and activated alumina were used as inorganic ion exchangers. Hydrated tin dioxide was prepared by the method described in [3] and activated alumina was obtained from E. Merck AG.

Radioactivity was measured by a well type NaI(Tl) detector with a single channel analyzer or a Ge(Li) detector with a 4096 channel pulse height analyzer.

2.2. *Adsorption of fluorine*

Inorganic ion exchanger of 2 g was put into a adsorption column [3] and pretreated with aqueous solution of the same acidity as the feed solution. The fluorine solution was passed through the column at a flow rate of approximately 2 ml/min with an aspirator and fluorine was adsorbed on the column.

2.3. *Irradiation of adsorbed fluorine using $^{19}F(\gamma, n)^{18}F$ reaction*

As fluorine adsorbed on exchanger was lost by volatilizing in activation process, the following sample preparation and irradiation were examined.

Irradiation with cooling by dry ice was carried out. The exchanger after adsorption of fluorine was wrapped in aluminium foil, taken into sample holder filled dry ice and cooled by dry ice during irradiation.

Irradiation of the precipitate of lanthanum fluoride obtained by the chemical reaction between adsorbed fluorine and added lanthanum was also studied. The exchanger after adsorption of fluorine was digested in ammonium water for 3 h, and lanthanum nitrate of 3 mmol and monochloroacetic acid of 3 to 4 drops were added to the solution. The pH of the solution was adjusted to 2·7. The solution was digested in a water bath at 80 to 85 °C for 20 min and cooled. Precipitate was centrifuged, evaporated to dryness and calcined at 500 °C in air for 2 h. The sample was made tabllet, wrapped in aluminium foil and irradiated.

Bremsstrahlung irradiations were performed by the linear electron accelerator of Tohoku University at 25 to 30 MeV for 30—60 min. Mixtures of lithium fluoride and exchanger were used as standard sample.

2.4. *Irradiation of adsorbed fluorine using $^{19}F(n, \alpha)^{16}N$ reaction*

As $^{16}O(n, p)^{16}N$ reaction interferes with the determination of fluorine by ^{252}Cf fission neutron activation [7], oxygen existed as H_2O in the column was removed by the following sample preparation.

The exchanger after adsorption of fluorine was added to the solution of calcium chloride and digested in a water bath at 60 °C for 1 h. Sodium carbonate of 30 mmol was added to the solution. The solution was also digested in a water bath for 2 h. The precipitate was centrifuged, washed with hot water, evaporated to dryness and heated for 5—10 min. Carbonate was dissolved in the solution of 1 N hydrochloric acid. The precipitate was washed with hot water, evaporated to dryness and calcined at 600 °C for 1·5 h.

The sample was taken into polyethylene sample holder and irradiated with the cyclic activation analysis apparatus of Radioisotope Center in Japan Atomic Energy Research Institute [7]. The powder of calcium fluoride and Teflon rods were used as standard sample.

3. Results and discussion

3.1. *Separation of fluorine*

Fig. 1 shows the recovery of fluorine adsorbed on exchangers in fluorine solution with various acidities of nitric acid and hydrochloric acid. As shown in Fig. 1, the recovery of fluorine adsorbed on hydrated tin dioxide is 100% in the interval of 5 N to pH 3 with nitric acid and pH 1 to 3 with hydrochloric acid. The recovery on activated alumina is 100% in the range of pH 3 to 11 with nitric acid and hydrochloric acid. In the following experiment, the adsorption of fluorine was carried out the solution of 1 N nitric acid for hydrated tin dioxide and pH 5 with nitric acid for activated alumina, respectively.

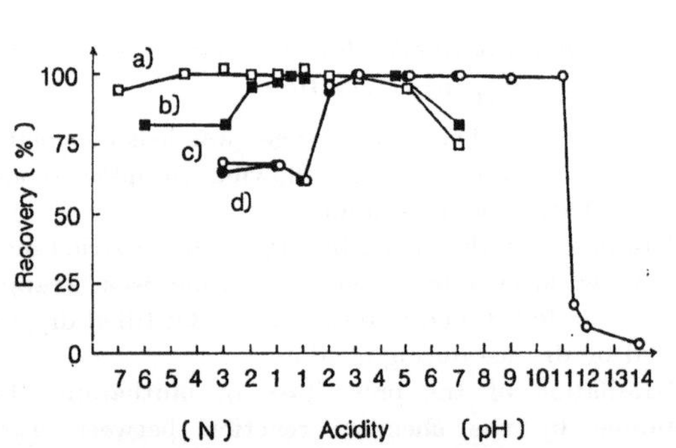

Fig. 1. Adsorption of fluorine at various acidities

Hydrated tin dioxide: a) nitric acid, b) hydrochloric acid; Activated alumina: c) nitric acid, d) hydrochloric acid (Fluorine carrier of 0·4 mg is added.)

3.2. *Irradiation of adsorbed fluorine*

Fig. 2 shows the decay curve of 511 keV photopeak obtained from hydrated tin dioxide with and without fluorine after bremsstrahlung irradiation. As shown in the figure, the curve of hydrated tin dioxide decays with the half life of 35 min for 4 h after irradiation and with one of 4·1 h successively. This decay curve results from ^{111}Sn and ^{110}In formed by the following reactions.

$$^{112}Sn(\gamma, n)^{111}Sn(E.C, \beta^+, T = 35 \text{ min})$$

$$^{112}Sn(\gamma, 2n)^{110}Sn(E_\gamma = 281 \text{ keV}) \xrightarrow[T = 4{\cdot}0 \text{ h}]{E.C.}$$

$$^{110}In(E_\gamma = 658 \text{ keV}) \xrightarrow[T = 66 \text{ min}]{E.C, \beta^+} {}^{110}Cd$$

The curve of hydrated tin dioxide with fluorine (Curve a) dose not make linear by comparison with theoretical decay curve of ^{18}F (dotted line). Therefore, it is found that the exchanger interferes with the determination of adsorbed fluorine.

Fig. 3 shows the ratio of intensities between 511 keV and 658 keV photopeaks of ^{110}In formed by irradiation of hydrated tin dioxide. As shown in Fig. 3, the ratio increases with the time after irradiation and is $0{\cdot}65_8$ at the time more 7 h.

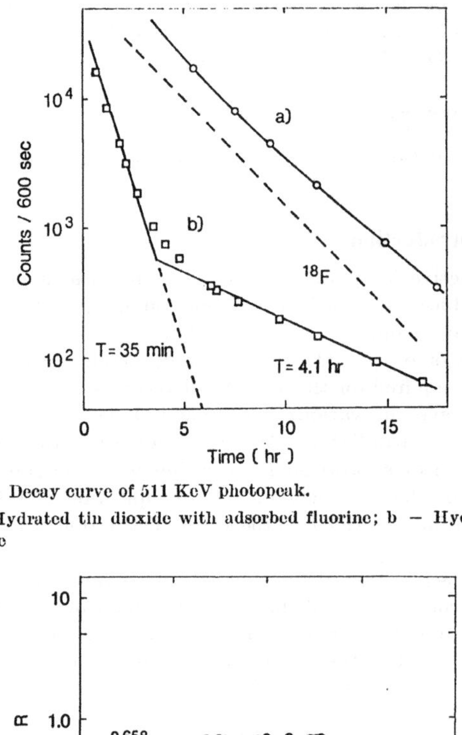

Fig. 2. Decay curve of 511 KeV photopeak.

a — Hydrated tin dioxide with adsorbed fluorine; b — Hydrated tin dioxide

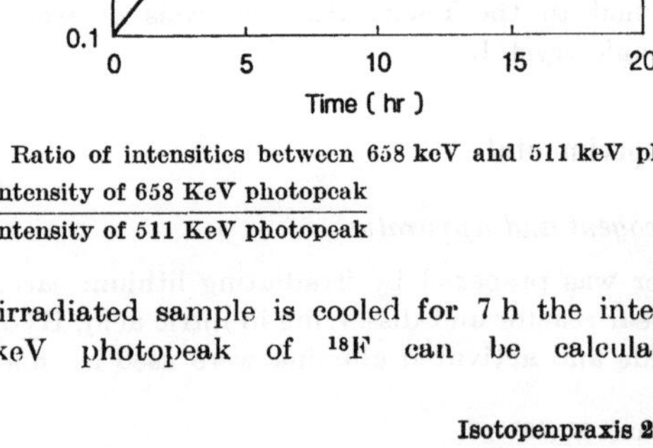

Fig. 3. Ratio of intensities between 658 keV and 511 keV photopeaks

$$R = \frac{\text{Intensity of 658 KeV photopeak}}{\text{Intensity of 511 KeV photopeak}}$$

If irradiated sample is cooled for 7 h the intensity of 511 keV photopeak of ^{18}F can be calculated by

Tab. 1. Determination of adsorbed fluorine

Irradiation No. a)	Inorganic ion exchanger	Fluoride adsorbed	F taken b) mg	Recovery %
1	Al_2O_3	F	1·3 – 22·5	97·5 – 104·6
2	Al_2O_3	H_2SiF_6	2·6 – 15·3 c)	98·0 – 102·8
3	SnO_2	F	32·1 – 41·2	98·3 – 104·3
4	SnO_2	H_2SiF_6	25·0 – 35·4 c)	97·9 – 98·7
5	SnO_2	F	18·9 – 19·2	51·1 – 71·7
6	SnO_2	H_2SiF_6	1·0 – 15·4 c)	57·8 – 88·3
7	SnO_2	F	16·6 – 18·5	0·0 – 44·3

a) Irradiation No. 1 to 4; Bremsstrahlung irradiation with cooling by dry ice
No. 5 to 6; Bremsstrahlung irradiation as LaF_3
No. 7; ^{252}Cf fission neutron irradiation as CaF_2
b) Amount of fluorine adsorbed on columns was determined by ^{18}F tracer
c) F taken as H_2SiF_6

Eq. (1) and (2).

$$A_{SnO_2,511} = \frac{1}{0.65_8} \cdot A_{SnO_2,658} \quad (1)$$

$$A_{^{18}F} = A_{F/SnO_2} - A_{SnO_2,511} \quad (2)$$

where $A_{SnO_2,658}$ – intensity of 658 keV photopeak of ^{110}In

A_{F/SnO_2} – total intensity of 511 keV photopeak from exchanger with adsorbed fluorine

$A_{^{18}F}$ – intensity of 511 keV photopeak of ^{18}F corrected.

Fig. 4 shows the decay curve of ^{18}F corrected. As shown in the figure, curve b) is obtained by subtracting curve c) from curve a) and decays with the half life of 110 min which is one of ^{18}F.

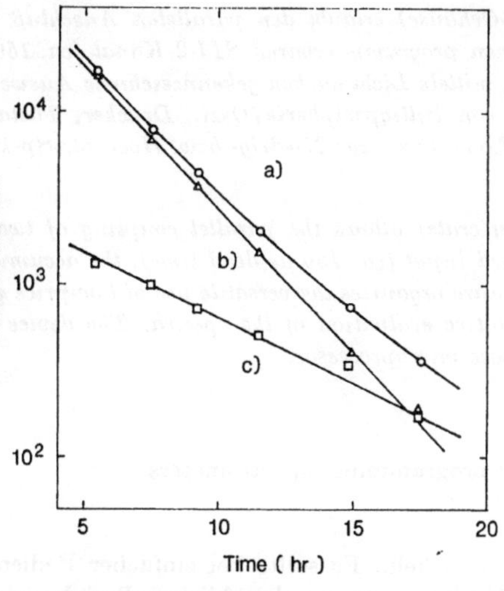

Fig. 4. Decay curve of ^{18}F
a – Curve of 511 KeV photopeak of hydrated tin dioxide with absorbed fluorine; b – Corrected curve of ^{18}F; c – Calculated curve of hydrated tin dioxide

As activated alumina also interfers with the determination of adsorbed fluorine, ^{18}F decay curve is obtained by correcting interference of the exchanger in the same way as hydrated tin dioxide.

On the other hand, there are no interference of those exchangers in irradiation with ^{252}Cf fission neutron [7].

3.3. *Determination of adsorbed fluorine on column*

Tab. 1 shows the recovery of fluorine found in exchangers on which a known amount of fluorine was adsorbed. In the table, the result of fluorosilicate is also shown. As shown in the table, recoveries of fluorine and fluorosilicate are 100% in bremsstrahlung irradiation with cooling by dry ice, 50 to 80% as lanthanum fluoride in bremsstrahlung irradiation and 0 to 44% as calcium fluoride in ^{252}Cf fission neutron irradiation. It seems that recoveries of fluorine as lanthanum fluoride and calcium fluoride decrease by losing fluorine in sample preparation.

It is found from the result that fluorine and fluorosilicate adsorbed on the column can be determind by bremsstrahlung irradiation with cooling by dry ice. Therefore, the determination of fluorine can be used as reactivation for the correction of chemical yield of adsorbed fluorine.

3.4. *Reactivation analysis of oxygen in silicon single crystal*

The correction of chemical yield of fluorine by reactivation is applied to the determination of oxygen in silicon single crystal using the nuclear reaction of $^6Li(n, \alpha)t$, $^{16}O(t, n)^{18}F$.

The test and standard samples were prepared and irradiated as described in [8]. After irradiation, test sample was etched to remove surface contamination and dissolved in a solution containing sodium hydroxide and sodium fluoride by gentle heating. The pH of the solution was adjusted to 8 – 9 with nitric acid and the hydrated silicon dioxide was filtered. The acidity of filtrate was adjusted to 1 N nitric acid for hydrated tin dioxide and pH 5 for activated alumina, respectively. The solution was passed through the column.

The standard sample was dissolved in 10 ml of the mixture of ammonium fluoride and hydrofluoric acid.

The radioactivities of both samples were measured by coincidence counting system connected to two 3″ × 3″ NaI(Tl) detectors.

Oxygen concentration is calculated by Eq. (3).

$$Mx = Ms \cdot \frac{Ax}{As} \cdot \frac{C}{C'} \quad (3)$$

where Mx and Ms – oxygen concentration of test and standard samples

Ax and As – activities of test and standard samples

Tab. 2. Analytical result of oxygen in silicon single crystal

Sample No.	Analytical results, ppm		
	This work		LaF_3
	Al_2O_3	SnO_2	[4]
Si-E-1	–	26·5	27·3
Si-E-4	6·7	5·7	5·5
Si-E-4		5·6	
Si-E-4		5·0	
Si-S-1	10·6	10·3	11·8
Si-S-1	11·8	11·5	

C and C' – amounts of fluorine carrier added and of adsorbed fluorine determined by reactivation.

Analytical results are shown in Table 2. As shown in the table, the results are in good agreement with those of substoichiometric precipitation of fluorine as lanthanum fluoride [4]. The chemical yields of fluorine in this work were 50 to 70% for hydrated tin dioxide and 60 to 96% for activated alumina, respectively. In this method, the time required for the separation was approximately 2 h. The detection limit calculated as three times the counts of background was approximately 2 ppm.

Acknowledgement

The authors wish to thank Dr. *N. Niizeki* for his encouragement throughout this work. Thanks are also given to Dr. *M. Yagi* and Dr. *H. Tominaga* for their help and advise with bremsstrahlung irradiation and ^{252}Cf fission neutron irradiation.

Received February 22, 1984

References

[1] *P. Debefve, H. P. Do, C. Friedli, P. Lerch*, J. Radioanal. Chem. **64** (1981) 213
[2] *T. Nozaki*, J. Radioanal. Chem. **72** (1982) 527
[3] *K. Shikano, K. Kudo, K. Kobayashi*, J. Radioanal. Chem. **74** (1982) 73
[4] *K. Shikano, K. Kudo*, J. Radioanal. Chem. **78** (1983) 71
[5] *K. Shikano, K. Kudo*, The 26th symposium on radiochemistry, p. 164, 1982, Niigata, Japan
[6] *Y. Kamemoto, S. Yamagishi*, Bull. Chem. Soc. Japan **36** (1963) 1411
[7] *H. Tominaga, T. Imahashi, S. Enomoto, N. Tachikawa, H. Maeda, K. Itakura*, J. Radioanal. Chem. **50** (1979) 255
[8] *H. Yonezawa, T. Shigematsu, K. Kudo*, J. Radioanal. Chem. **68** (1982) 135

Isotopenpraxis 21 (1985) 1, S. 28 bis 31

Kompakter 4096-Kanal-Speicher mit mikroprozessorgestützter Spektrenauswertung*)

H. Kleeberg, W. Görner

(Zentralinstitut für Kernforschung Rossendorf)[1]

Der mikroprozessorgestützte 4096-Kanal-Speicher (Einfach-EGS-Gehäuse) erlaubt den parallelen Anschluß von zwei Ge-Gammaspektrometern über SI1·2-DMA (4 µs Totzeit) und einen programmierbaren SI1·2-Kanal (ca. 150 µs Totzeit). Es können pro Kanal 32k Zähler akkumuliert und beliebige, mittels Lichtmarken gekennzeichnete Auswertefenster gewählt werden. Das Programm organisiert die flexible Nutzung von Billigperipherie (Oszi., Drucker, Tastatur) und wertet die Spektren quantitativ aus. Das Gerät ist bisher in zwei Exemplaren zur Niedrig- bzw. Hochrate-Spektrometrie sowie als gewöhnlicher Mikrorechner eingesetzt worden.

The microprocessor based 4096-channel-memory (single stand by crate) allows the parallel coupling of two Ge(Li)-gammaspectrometers via DMA (4 µs dead time) and a programmed input (ca. 150 µs dead time), the accumulation of 32k counts per channel and the free definition of ROI's. The software organizes the versatile use of low-price periphery (oscilloscope, line printer, key board) and carries out the quantitative evaluation of the spectra. The device has been applied in low- and high-level spectrometry and as a general purpose microprocessor.

Keywords

computer calculations; measuring instruments; microprocessor; programming; spectrometers

Einleitung

Der Einsatz von Mikroprozessoren ist geeignet, das meßtechnische Niveau radiometrischer Laboratorien zu erhöhen, deren Bedarf an kompakten Vielkanalspeichern mit automatischer Spektrenauswertung gegenwärtig nicht gedeckt werden kann.

Es war daher kurzfristig ein solches flexibles Meßgerät auf der Grundlage des im Zentralinstitut für Kernforschung Rossendorf entstandenen Mikroprozessorsystems MPS 4944 [1] zu entwickeln. Es sollte bei einfacher Bedienung mit einem Minimum an handelsüblicher Peripherie auskommen, sowie die Messung von zwei Spektren zu je 2048 Kanälen und deren automatische quantitative Auswertung erlauben.

Experimentelles

Hardware

Die verwendete Gerätekonfiguration ist in Abb. 1 dargestellt. Die optionale Busanzeige (BUSA) erlaubt visuelle Kontrolle der Rechnersteuerung (PK 88). Das Instrument

*) Vortrag, gehalten auf der 3. Tagung „Nukleare Analysenverfahren" vom 11. – 15. 4. 1983 in Dresden

[1]) Anschrift: 8051 Dresden, Postschließfach 19

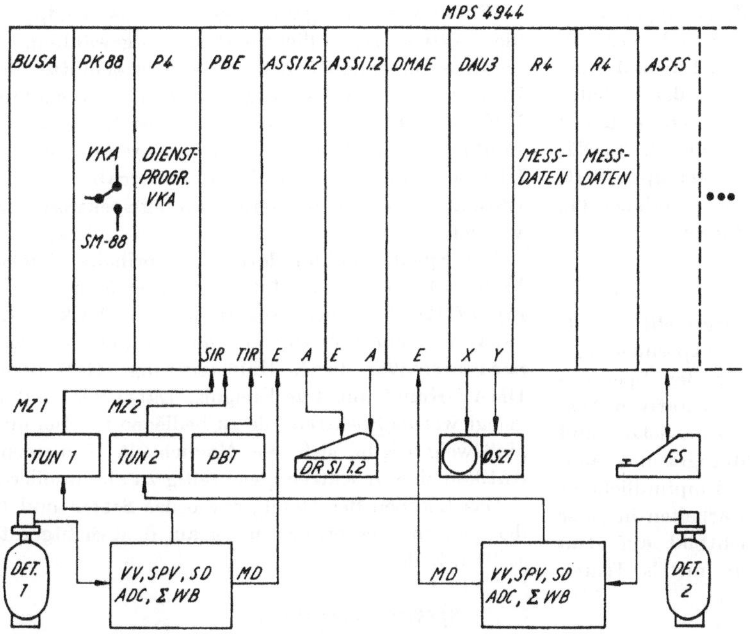

Abb. 1. Gerätekonfiguration

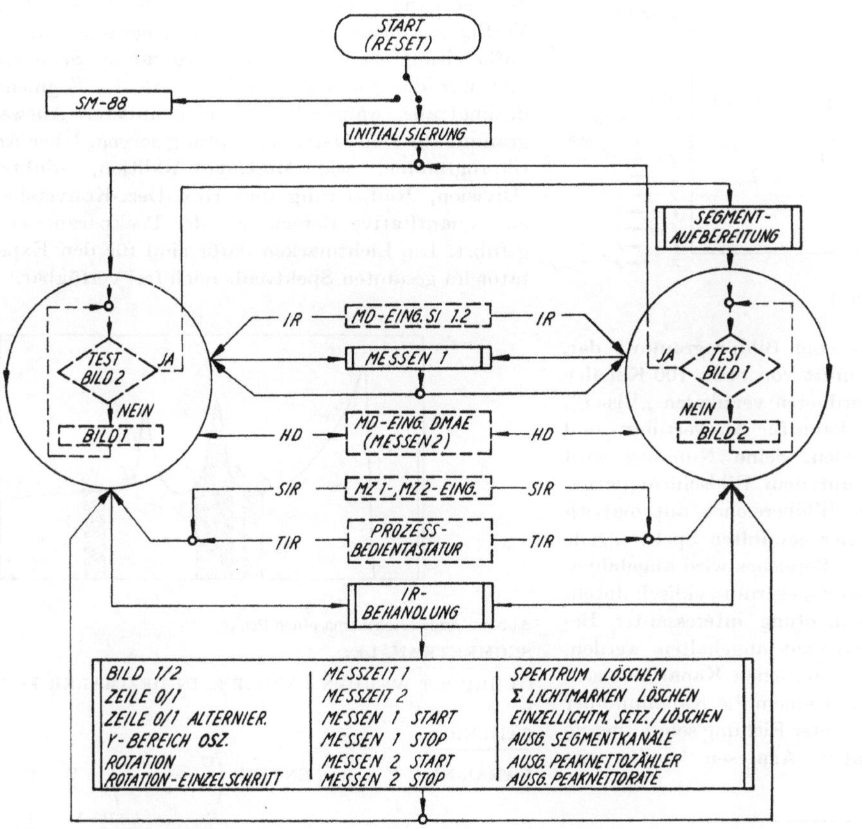

Abb. 2. Vereinfachter Programmablaufplan

wird über die Tastatur (PBT) der Prozeßbedieneinheit (PBE) via Tasten-Interrupt (TIR) bedient. Meßdateneingabe sowie Datenausgabe über Drucker (DR) oder Stanzer (ST) werden durch Anschlußsteuerungen (AS) gemäß SI 1.2 realisiert, wobei außerdem eine Dateneingabe über direkten Speicherzugriff (DMAE) möglich ist [2]. Der Digital-Analog-Umsetzer (DAU 3) vermittelt den Anschluß eines X-Y-Oszillographen als Sichtgerät. Der Lesespeicher (P4) mit 4k-Byte PROM enthält die Dienstprogramme des Instruments, während die beiden Lese-Schreib-Speicher (R4) mit insgesamt 8k-Byte RAM für die Aufnahme der Meßdaten sorgen. Der (optionale) Anschluß eines Fernschreibers (FS) ist nur erforderlich, wenn das Instrument nicht als Vielkanalanalysator, sondern als Mikrorechner betrieben werden soll. Hierzu ist auf das Steuerprogramm des MPS 4944, den Standardmonitor SM-88 [3], umzustellen.

Abb. 1 zeigt weiterhin zwei Meßzweige mit Kernstrahlungsdetektoren, die über Verstärker (VV, SPV) und Spitzenwertdehner (SD) an 2048-Kanal-Analog-Digital-

Konverter (ADC) mit Wortbildner (WB) gekoppelt sind. Die Meßdaten (MD) mit einer Wortlänge von 11 (12) Bit gelangen vom Meßzweig 1 in eine AS SI 1.2 und vom Meßzweig 2 in eine DMAE. Die Frequenz der seriellen Taktimpulse der Meßzeiten (MZ1, MZ2) werden, gesteuert durch die ADC, von Timer-Untersetzer (TUN1, TUN2) erzeugt und untersetzt. Sie lösen Sprung-Interrupts (SIR) aus, die zur Akkumulation der effektiven Meßdauer (T) im Kanal 1 der jeweiligen Spektrenzeile führen.

Software

Die Software — in Abb. 2 vereinfacht dargestellt — enthält außer zwei Bildprogrammen, die dem Experimentator zur visuellen qualitativen Untersuchung der Spektren dienen, noch Programme zum Messen, quantitativen Auswerten und Löschen der Spektren, sowie zum Setzen und Löschen von Lichtmarken. Beide Bildprogramme sind variierbar bezüglich der Zeile und der Empfindlichkeit des Y-Bereiches auf dem Sichtgerät. Sie arbeiten in einer Endlos-Schleife und generieren ein Sichtbild auf dem Oszillographen. Alle Programme werden mittels Tasten über Interrupts aufgerufen.

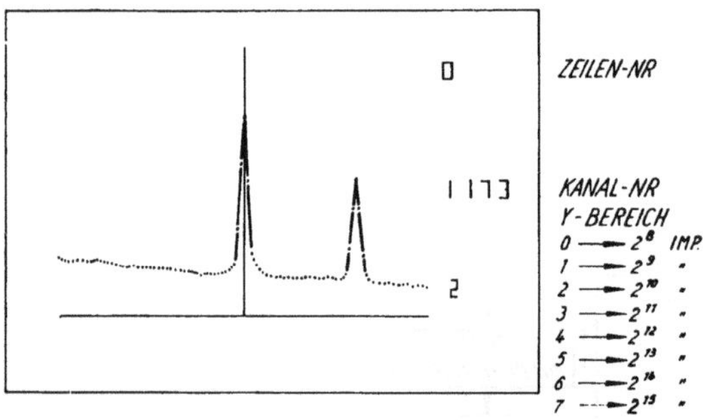

Abb. 3. Sichtbild vom Bildprogramm 1

Abb. 3 stellt das Sichtbild vom Bildprogramm 1 dar. Es zeigt einen Spektrenausschnitt von etwa 100 Kanälen mit einem in Bildmitte angeordneten vertikalen „Visier". Der im Visier liegende Kanal kann für Auswertungs- und Merkzwecke hellgetastet werden. Seine Nummer wird durch eine vierstellige Zahl auf dem Bildschirm dargestellt, die bei Rotation des Bildbereiches automatisch mitläuft. Auch die Nummer der gewählten Spektrenzeile und der Empfindlichkeit des Y-Bereiches wird abgebildet. Mittels Rotation wird ein Gesamtspektrum zyklisch durchfahren. Zwecks längerer Betrachtung interessanter Bereiche kann die Rotation jederzeit angehalten werden. Durch mehrfache Verschiebung um einen Kanal läßt sich mit Hilfe des vertikalen Visiers bequem die Kanalnummer eines Photopeaks oder bei geeigneter Eichung seine Energie bestimmen. Das hat qualitative Analysen bereits wirkungsvoll unterstützt.

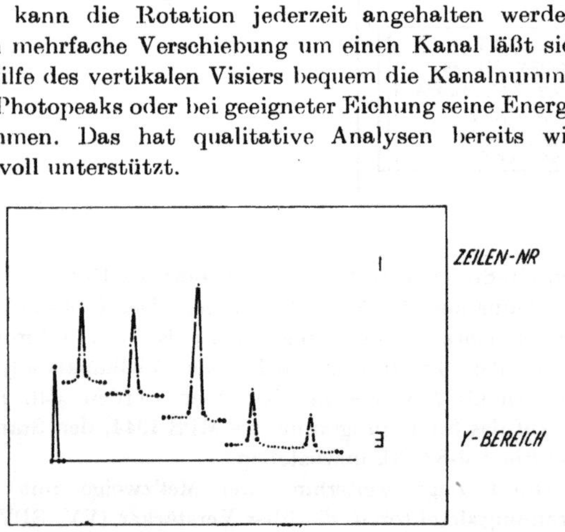

Abb. 4. Sichtbild vom Bildprogramm 2

Wie in Abb. 4 dargestellt, generiert das Bildprogramm 2 die mittels Doppellichtmarken vorgewählten, beliebig nichtzusammenhängenden Spektrenabschnitte auf dem Bildschirm bei selbsttätiger optimaler Ausnutzung der Bildbreite. Einzellichtmarken sind der Steuerung weiterer Funktionen vorbehalten. Diese Darstellung verbindet Übersicht neben guter Detailwiedergabe und ist hier erstmalig an einem Kernstrahlungsspektrometer angewendet.

Die Spektrenakkumulation als primäre Aufgabe des Vielkanalanalysators erfolgt softwaremäßig durch Interrupts (IR) über einen programmierten SI 1.2 — Eingabekanal mit einer Zykluszeit von ca. 150 µs/Ereignis und hardwaremäßig durch Holdsteuerung (HD) über einen DMAE-Kanal mit 4 µs/Ereignis. Dabei wird extern festgelegt welche Spektrenzeile zu bedienen ist. Bei nur einem Meßzweig ergibt sich die Möglichkeit Koinzidenz- und Antikoinzidenzspektren gleichzeitig zu akkumulieren.

Das Löschen der Daten, sowie das Setzen und Löschen der Lichtmarken erfolgt in der auf dem Sichtgerät dargestellten Zeile.

Spektrenauswertung

Für die Datenausgabe stehen wahlweise die Programme Segmentkanäle, Peaknettoimpulse und Peaknettorate zur Verfügung, die sich einer lichtmarkengesteuerten Segmentaufbereitung bedienen. Das Programm Segmentkanäle gibt nur die Nummern und Inhalte der Segmentkanäle dezimal aus, während die beiden anderen Auswerteprogramme für eine Datenverdichtung sorgen. Über Arithmetikprogramme, wie Multibyte-Addition, -Subtraktion, -Division, Radizierung und Hex.-Dez.-Konversion wird eine quantitative Berechnung der Peakparameter durchgeführt. Die Lichtmarken dafür sind für den Experimentator im gesamten Spektrenbereich frei verfügbar.

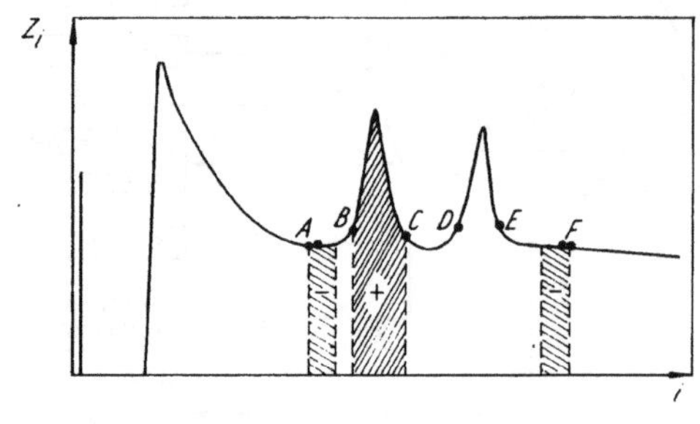

Abb. 5. Auswerteschema eines Peaks

SEGMENTKANÄLE:

GEDRUCKT WERDEN i SOWIE Z_i IN DEZIMALER FORM VON $i = A \ldots i = F$

ZÄHLER:

KANAL-NR. $K = B + \text{ENTIRE}\left(\frac{C - B + 1}{2}\right) = B + G$

PEAKNETTOZÄHLER $Z_{EFF} = \sum_{B}^{C} Z_i - \sum_{A}^{A+G-1} Z_i \quad \sum_{F-(C-B)+G}^{F} Z_i$

STREUUNG $\sigma_Z = \sqrt{\sum_{B}^{C} Z_i + \sum_{A}^{A+G-1} Z_i + \sum_{F-(C-B)+G}^{F} Z_i}$

RATE:

KANAL-NR. $K = B + \text{ENTIRE}\left(\frac{C - B + 1}{2}\right)$

PEAKNETTORATE $R_{EFF} = \frac{Z_{EFF}}{T}$

STREUUNG $\sigma_R = \frac{\sigma_Z}{T}$

Tab. 1. Aufgrund des Spektrometerausdruckes hergestellte Übersicht eines Nulleffektspektrums (Energiebereich 0 ... 2 MeV) des Untergrundlabors (Meßdauer 312660 s) [5]

Energie keV	Peaknettorate Impulse/1000 s	Streuung Impulse/1000 s	Nuklid
46	1,663	0,151	^{210}Pb
63	1,720	0,165	^{234}Th
73 } 75	4,591	0,224	Pb-X
85	1,842	0,185	Pb-X
93	5,622	0,232	^{234}Th
136	0,746	0,151	^{75}Se (Kontam.)
144	0,924	0,151	^{235}U
186	3,620	0,176	{ ^{235}U ^{226}Ra
239	4,206	0,176	^{214}Pb
265	0,391	0,105	^{75}Se (Kontam.)
295	0,413	0,080	^{214}Pb
352	0,860	0,105	^{214}Pb
511	0,956	0,082	Annihil.
583	1,130	0,075	^{208}Tl
609	0,852	0,066	^{214}Bi
727	0,224	0,045	^{212}Bi
769	0,273	0,056	^{214}Bi
911	0,200	0,041	^{228}Ac
964 } 969	0,234	0,050	^{228}Ac
1120	0,273	0,050	^{214}Bi
1173	0,321	0,045	^{60}Co
1332	0,321	0,041	^{60}Co
1460	0,492	0,052	^{40}K
1592	0,112	0,026	^{208}Tl (DE)

In Abb. 5 ist ein Auswerteschema und die Berechnung der Peakparameter dargestellt. Mittels Paaren von Doppellichtmarken werden Spektrensegmente und mit Paaren von Einzellichtmarken Peaks ausgewählt und entsprechend des eingestellten Spektrums ausgewertet. Pro Peak werden Kanalnummer, Peaknettozähler oder -rate und Streuung berechnet und über SI 1.2 mit einer Satzbreite von zwölf Charakteren ausgegeben. In einem Durchlauf können bis zu 63 Peaks ausgewertet werden, die sich auf max. 32 Spektrensegmente verteilen können.

Anwendung

Das Vielkanalspektrometer wird seit 1982 ununterbrochen in einem *low-level*-Laboratorium betrieben und zeigt eine hohe Zuverlässigkeit. Es wurde für aktivierungsanalytische Untersuchungen geologischer, biologischer und Umweltproben, sowie für Messungen der Si-Reinheit und beim internationalen Analysenvergleich der IAEA eingesetzt. Ein weiteres Vielkanalspektrometer dieser Art wird für die Spektrometrie mittels γ-, und γγ-Ko-Antiko-Messung von bestrahlten Proben in einem Reaktorlaboratorium eingesetzt. Die an diesem Gerät gewonnenen Erfahrungen werden bei der Entwicklung des künftigen Vielkanalanalysators 4995 des ZfK Rossendorf berücksichtigt.

Als Beispiel für die vom Gerät vorgenommene quantitative Spektrenauswertung sind in Tab. 1 die Peakintensitäten eines Nulleffektspektrums aus dem Untergrundlabor angegeben (siehe auch Abb. 4(c) in [4]).

Eingegangen am 24. 8. 1983

Literatur

[1] *M. Kahlenbach*, Messen-Steuern-Regeln **21** (1978) 488
[2] *S. Kühnert*, Laborbericht DMAE, ZfK Rossendorf (1980)
[3] *K. W. Leege*, Softwareunterlagen SM-88
[4] *W. Helbig, S. Niese, D. Birnstein*, Veröffentlichung in Vorbereitung
[5] *W. Helbig*, persönliche Mitteilung

Isotopenpraxis 21 (1985) 1, S. 31 bis 34

Определение малых содержаний Рения, Алюминия, Гафния и примесей в индивидуальных оксидах РЗЭ нейтронно-активационным методом*)

В. А. Пчёлкин, Ю. К. Кварацхели, А. А. Марков, Ю. В. Ребриков, А. А. Нестеров, В. В. Колеватых

(Всесоюзный научно-исследовательский институт химической технологии, Москва, СССР)

Instrumental n.a.a. is used for the determination of Re, Al, Hf in industrial materials using a neutron multiplier of the SO-2M type and using a nuclear reactor for the determination of impurities in pure rare earth oxides.

Keywords

aluminium; hafnium; impurities; multielement analysis; neutron activation analysis; rare earths; rhenium

Введение

Для решения ряда задач в геологии, горнорудной промышленности и других областях в последние годы всё большее применение находят активационные методы, так как они позволяют проводить неразрушающий контроль с достаточной чувствительностью и использовать как микро-, так и макронавески, что затрунительно для химических, спектральных и других методов анализа.

В тех случаях, когда требуется высокая чувствительность по некоторым элементам, применяют ядерные реакторы с потоками тепловых нейтронов $\sim 10^{12}$—10^{13} нейтр./см$^2\cdot$с [1—4]. Однако ядерные реакторы находятся в крупных научных центрах и для проведения экспрессного и оперативного анализа невсегда удобны.

Для оперативного контроля можно использовать установки более доступные, например, нейтронный

*) Vortrag auf der 3. Tagung „Nukleare Analysenverfahren", Dresden, 11.—15. 4. 1983

размножитель типа СО-2М, представляющий собой подкритическую ядерную сборку. Возбуждение и поддержание реакции деления ядер урана осуществляется при введении внешнего нейтронного источника. В качестве делящегося вещества используется уран (обогащённый по $И^{235}$ до 36%), диспергированный в полиэтилене, количество нейтронных источников — 1—4 шт. В нашем распоряжении имеется нейтронный размножитель СО-2М с тремя рабочими каналами диаметром 62 мм, 30 мм (последний с пневмопочтой) и 92 мм. Средний поток тепловых нейтронов в каналах $\sim 1 \cdot 10^8$ нейтр./см^2 · с [5].

Экспериментальная часть

Нейтронно-активационный анализ с использованием ядерного реактора был применён нами для анализа чистых оксидов редкоземельных элементов (РЗЭ): иттрия, самария, диспрозия, эрбия и гольмия).

При разработке методик учитывалось то обстоятельство, что самарий, диспрозий и эрбий относятся к сильно-активирующимся элементам, а иттрий — к слабо-активирующимся.

Для проведения нейтронно-активационного анализа были взяты навески оксидов РЗЭ в количествах от 10—100 мг. Навески запечатывали в п/э пакеты, заворачивали в алюминиевую фольгу и помещали в пенал из алюминия марки А-000. Вместе с навесками оксидов РЗЭ в тот же пенал помещали стандартные образцы РЗЭ в количестве 10^{-4}—10^{-6} г и облучали в потоке тепловых нейтронов $1{,}2 \cdot 10^{13}$ нейтр./см^2 · с в течение 12 часов.

После облучения п/э пакеты с пробами и стандартными образцами помещали в отдельные стеклянные бюксы и спустя определенное время после облучения снимали гамма-спектр наведенного гамма-излучения каждой пробы и стандартного образца. При этом оксиды иттрия, диспрозия и эрбия поступали на измерение через 5—7 дней, оксид гольмия —10 дней, а оксид самария —20 дней после конца облучения (за это время существенно снижалась активность основ).

Для измерений использовали полупроводниковый гамма-спектрометр, включающий Ge(Li) полупроводниковый коаксиальный детектор типа ДГДК с чувствительным объёмом 20—50 см^3 и разрешением ~ 6 кэВ по гамма-линии ^{60}Co с энергией 1173 кэВ, спектрометрическую установку СЭС2-03 и многоканальные анализаторы импульсов АИ-1024, Noxia LP-4700, LP-4840.

По интенсивности гамма-линий соответствующих радионуклидов от образца и стандартного образца рассчитывали содержание элементов-примесей.

В табл. 1 представлены результаты нейтронно-активационного определения некоторых примесей РЗЭ в оксидах иттрия, самария, диспрозия, гольмия и эрбия, а также приведены энергии гамма-линий, по которым проводили измерения.

Относительное среднее квадратическое отклонение (Sr) при определении примесей в оксидах РЗЭ характеризуется величинами от 0,22 для лантана до 0,10 для европия.

Сравнительные результаты анализа по некоторым примесям даны в табл. 2.

Табл. 1. Результаты нейтронно-активационного определения примесей в оксидах РЗЭ

Основа	Содержание, %						
	La_2O_3	CeO_2	Sm_2O_3	Eu_2O_3	Tb_4O_7	Yb_2O_3	Lu_2O_3
оксид иттрия	$3{,}0 \cdot 10^{-5}$	$8{,}0 \cdot 10^{-4}$	—	$5{,}0 \cdot 10^{-4}$	$1{,}5 \cdot 10^{-4}$	$1{,}5 \cdot 10^{-4}$	$3{,}0 \cdot 10^{-4}$
оксид самар.	—	—	—	$5{,}3 \cdot 10^{-3}$	$2{,}3 \cdot 10^{-3}$	$6{,}4 \cdot 10^{-3}$	$4{,}7 \cdot 10^{-3}$
оксид диспр.	—	$2{,}5 \cdot 10^{-3}$	—	$1{,}2 \cdot 10^{-4}$	$8{,}6 \cdot 10^{-4}$	$1{,}1 \cdot 10^{-3}$	$1{,}0 \cdot 10^{-4}$
оксид гольм.	$1{,}8 \cdot 10^{-3}$	$1{,}0 \cdot 10^{-3}$	$9{,}6 \cdot 10^{-4}$	$1{,}3 \cdot 10^{-4}$	$3{,}5 \cdot 10^{-4}$	$3{,}9 \cdot 10^{-4}$	$1{,}0 \cdot 10^{-5}$
оксид эрбия	—	$3{,}7 \cdot 10^{-3}$	—	$1{,}6 \cdot 10^{-4}$	$5{,}0 \cdot 10^{-4}$	$3{,}6 \cdot 10^{-3}$	$7{,}1 \cdot 10^{-5}$
E_γ	1596	145	103	122 344	298	130 496	208

Табл. 2. Сравнительные результаты анализа

Основа	Метод анализа	Содержание, %		
		Eu_2O_3	Tb_4O_7	Yb_2O_3
Оксид самария	химико-спектральный	$6{,}2 \cdot 10^{-3}$	—	—
	масс-спектральный	—	—	—
	нейтронно-активацион	$5{,}3 \cdot 10^{-3}$	—	—
Оксид диспрозия	химико-спектральный	—	$1{,}1 \cdot 10^{-3}$	—
	масс-спектральный	—	$9{,}0 \cdot 10^{-4}$	—
	нейтронно-активацион	—	$8{,}6 \cdot 10^{-4}$	—
оксид эрбия	химико-спектральный	—	—	$3{,}0 \cdot 10^{-3}$
	масс-спектральный	—	—	$2{,}8 \cdot 10^{-3}$
	нейтронно-активацион	—	—	$3{,}6 \cdot 10^{-3}$

Табл. 3. Сравнительные результаты анализа по алюминию

№ проб	Нейтронно-активационный метод г/л	Атомно-абсорбционный метод г/л	Спектральный метод г/л
1	0,67	0,67	0,63
2	0,155	0,140	0,120
3	0,64	0,54	0,70
4	0,39	0,34	0,50
5	0,70	0,63	0,61

Табл. 4. Сравнительные результаты анализа по гафнию

№ проб	Нейтронно-активационный метод, %	Химический метод, %
1	0,32	0,32
2	0,31	0,28
3	0,29	0,29
4	0,31	0,31
5	0,31	0,29

Нейтронный размножитель СО-2М был использован для определения алюминия, рения и гафния в растворах и сорбентах.

Анализ на содержание алюмния проводили по радионуклиду ^{28}Al(E_γ = 1,779 МеВ, $T_{1/2}$ = 2,24 мин.), рения — по радионуклиду ^{188}Re (E_γ = 0,155 МэВ $T_{1/2}$ = 17,0 час) и гафния — по радионуклиду ^{179м}H (E_γ = 0,217 МэВ, $T_{1/2}$ = 18,67 с).

Для проведения анализа на содержание алюминия отбирали пробы объёма 50 см³, которые помещали в п/э капсулы. Облучение проводили в течение 5 минут. Через 40 с после окончания облучения измеряли наведенную активность анализируемых проб.

Для определения содержания гафния отбирали пробы объёмом 7 см³, помещали в п/э капсулы и облучали 42 с. Время транспортировки из активной зоны к детектору составляло 5 с. Для доставки проб в зону облучения и зону измерения использовали пневмопочту.

При проведении анализа на рений отбирали пробы объёмом 20 см³, которые помещали в п/э капсулы. Капсулы укладывали в п/э контейнер и облучали в течение 7 часов. Измерение проводили после 12—/14 часовой выдержки активных проб.

Наведенную активность облученных проб измеряли на аппаратуре, описанной выше.

Спектрометрическую информацию обрабатывали с помощью микро-ЭКВМ ,,Искра-125'' и программируемого микрокалькулятора H/P-97S по разработанным программам.

Разработанные методики позволили определять содержание рения от $1 \cdot 10^{-4}$ до 2% (предел определения $1 \cdot 10^{-5}$ O), содержание алюминия от 1.1 до 2% (предел определения $3 \cdot 10^{-3}$%), содержание гафния от $5 \cdot 10^{-3}$ до $5 \cdot 10^{-1}$% (предел определения $1 \cdot 10^{-3}$%).

Сравнительные результаты анализа по алюминию, гафнию и рению представлены в табл. 3, 4, 5.

Обсуждение результатов

В настоящее время оксиды РЗЭ анализируют главным образом химикоспектральным, масс-спектральным и люминесцентным методами. Однако, для химико-спектрального метода необходима навеска в 1 грамм довольно дорогих оксидов РЗЭ, для проведения масс-спектрального анализа необходимо обращать серьёзное внимание на очистку аппаратуры при переходе от одной основы к другой. Люминесцентным методом можно определять ограниченное число элементов и не во всех основах.

Нейтронно-активационный анализ может быть использован в качестве вспомогательного для анализа оксидов РЗЭ; поскольку он обладает достаточно высокой чувствительностью по многим элементам, используются небольшие навески оксидов РЗЭ (10 до 100 мг).

Анализ на рений, алюминий и гафний представляет собой сложную задачу, особенно в твёрдых продуктах. Химические методы очень трудоёмки и длительны, к тому же они имеют ряд ограничений, связанных с присутствием молибдена в повышенных концентрациях в рений-содержащих пробах, также циркония — в гафний-содержащих пробах. Эти ограничения распространяются и на спектральные методы.

Табл. 5. Сравнительные результаты определения содержания рения химическим (I) нейтронно-активационным (II) методами в пробах балансовых опытов

№	метод анализ	Содержание рения, мг/л: Исходный раствор (C_0)	Десорбат аммиачный (C_1)	Десорбат хлорнокислый (C_2)	Фильтрат сорбции (C_3)	$\sum_{i=1}^{3} C_i$	Относит. отклонения баланса $\frac{\sum C_i - C_0}{C_0} \cdot 100$
1	I	91	11	3,0	64	78	14,3
	II	98	10	3,9	87	100,9	3,0
2	I	91	12	3,0	70	85	6,6
	II	98	14	4,4	88	106,4	8,6
3	I	91	14	4,0	69	85	6,6
	II	98	10	4,0	86	100	2,0
4	I	91	11	2,0	77	99	1,1
	II	98	7,6	3,4	91	101	3,1
5	I	91	15	4,0	69	88	3,3
	II	98	12,5	4,5	89	106	8,2

Разработанные нейтронно-активационные методики с использованием нейтронного размножителя СО-2М позволили определять рений при соотношении концентраций Mo/Re до 10^4 и гафний при содержании циркония с достаточной чувствительностью и точностью.

Поступила в редакцию 1/VII, 1983г.
17/IV, 1984г.

Литература

[1] *Г. П. Плешакова, О. Ф. Саункин, Г. В. Сухов, Г. И. Шманенкова* в сб. „Ядерно-физические методы анализа вещества". М., Атомиздат (1971) 14

[2] *А. З. Миклишанский, Ю. В. Яковлев*, там же, стр, 23

[3] *Bereznai, Tamas*; kem. közl., 34, 1 (1970) 87

[4] *J. G. Rouchoud, G. Revel*, J. Radioanal. Chem. 17, 1–2 (1973) 167

[5] *Р. А. Кузнецов*, Активационный анализ, изд. 2-е., Атомиздат, 197

Isotopenpraxis 21 (1985) 1, S. 34 bis 36

Buchbesprechungen

Das Leben selbst — Sein Ursprung, seine Natur

F. Crick, aus dem Englischen von F. Griese, München — Zürich: R. Piper & Co. 1983. 225 S., 7 Abb., 1 Tab.; geb. DM 29,80

William S. Gilbert, ein bei uns weniger bekannter englischer Humorist und Dramatiker, hat einmal gesagt: „Life's perhaps the only riddle that we shrink from giving up." Es ist schon etwas Geheimnisvolles um diese besondere Bewegungsform der Materie, und viele große Wissenschaftler haben sich mit den Fragen des Lebens und seiner Entstehung beschäftigt. So hat sich u. a. auch *Svante A. Arrhenius* ab 1900 mit diesem Rätsel beschäftigt und wurde ein Vertreter der Panspermie, der Allgegenwart von Leben im Kosmos. Für den Transport der Lebenskeime kam ihm die damals gerade entdeckte und experimentell nachgewiesene Erscheinung des Lichtdruckes entgegen, den er zur Erklärung des Transportes der Lebenskeime durch die Weiten des Weltalls heranzog.

Der Autor *Francis Crick*, Mitentdecker der Doppelhelix und Nobelpreisträger 1962, geht hier auch der Frage nach, wie es zur Entstehung des Lebens auf unserer Erde kam. Dazu beschreibt er zunächst einige zum Verständnis unbedingt notwendige Zusammenhänge und Erkenntnisse, wie beispielsweise den Aufbau der Aminosäuren und der Eiweiße, die Nukleinsäuren und ihre molekulare Replikation und den gegenwärtigen Wissensstand, wie unsere Erde vor rund 4 Milliarden Jahren aufgebaut war und welche Bedingungen herrschten, um das Milieu für eine evtl. Entstehung des Lebens zu schaffen. Stille elektrische Entladungen in einer reduzierenden Uratmosphäre führten zu einfachen Aminosäuren, die sich in einer Ursuppe in den Weltmeeren anreicherten und die Voraussetzung für die Entstehung des Lebens bildeten. Solche Molekülbildungen konnten auch im Labor nachvollzogen werden; sie können aber nicht die Universalität des genetischen Codes aller Lebewesen (mit Ausnahme der Mitochondrien) erklären. Hier setzt der Autor (in gemeinsamen Diskussionen mit *Leslie Orgel*) mit seinen Vorstellungen einer gelenkten Panspermie ein, d. h. einer von fernen Welten auf unsere Erde zielgerichtet entsandten Rakete mit Mikroorganismen, die einen langdauernden Flug zu uns überlebt haben. Auf unserer Erde haben sich Klone gebildet, Individuen also, die von einem Mutterlebewesen abstammen und alle den gleichen Erbcode haben. Daß der vielleicht Tausende von Lichtjahren entfernte planetähnliche Himmelskörper eine technisch sehr weit entwickelte Population haben mußte und genau unsere Erde als Zielobjekt gemeint hatte, bedarf einer bestimmten wissenschaftlichen Phantasie, die manchen Leser dieses Buches überfordert. Es wird ja immerhin auch impliziert, daß alle biologischen Evolutionen zu intelligenten Wesen führen, denn sie sollten alle einen gemeinsamen Ursprung haben und alle den gleichen evolutiven Weg beschreiten — vielleicht eine gelenkte Evolution?

In die an sich sehr gute Übersetzung haben sich doch einige Ungenauigkeiten eingeschlichen; so sollte konsequent oxid mit i (S. 118, 146, 147) geschrieben werden wie auf S. 82; die Gradangaben bei Kelvin sollten weggelassen werden (S. 110, 118), und auf S. 128 sollte man nicht von eigenartigen Isotopen, sondern von eigenartigen isotopen Zusammensetzungen sprechen, die möglicherweise auf eine außerirdische Herkunft hindeuten (^{143}Nd/^{144}Nd z. B., aber auch die Spurengehalte überhaupt, Ir, Os u. a. m.).

Im Jahre 1953 hat der Autor des Buches einmal geschrieben: „Wir haben kürzlich eine Struktur für das Salz der DNS vorgeschlagen, die, sofern sie zutrifft, automatisch einen Mechanismus für ihre Selbstverdoppelung nahelegt." Dieser vorgeschlagenen Struktur haben viele, fast alle Wissenschaftler zugestimmt. Dem vorliegenden Vorschlag einer gelenkten Panspermie dürften nur wenige Wissenschaftler folgen — er fordert viel Phantasie, die bis an Science-fiction heranreicht. So bleibt das Rätsel „Leben" doch noch ungelöst — ein verworrenes Knäuel oder — wie *W. S. Gilbert* dichterisch sagte — „Life's Tangled Skein".

H. Hübner

Iodine-129: Evaluation of Release from Nuclear Power Generation

Bethesda (Maryland — USA): National Council on Radiation Protection and Measurement 1983. 74 S., 12 Tab., 3 Abb. (NCRP Report No. 75); brosch. US $ 10.00

Die kleine Schrift über die Abgabe von ^{129}Jod durch kerntechnische Anlagen ist vom Wissenschaftlichen Komitee 38 des Nationalrates des Strahlenschutzes und der Strahlenmessung (NCRP) unter Federführung von *M. Eisenbud* (New York) und *L. K. Bustad* (Pullman, Washington) herausgegeben worden. Das Radionuklid ^{129}J zählt zu den wenigen Spaltnukliden, die eine besonders lange Halbwertszeit haben ($\tau_{1/2} = 1{,}57 \cdot 10^9$ a), und ist deshalb von besonderem Interesse im Rahmen der Radioökologie, der Umweltbelastung durch Radioaktivität. Geringe Mengen des ^{129}J entstehen durch natürliche Prozesse — durch Spontanspaltung von ^{238}U und durch Kernreaktionen der kosmischen Strahlung mit Xe in der oberen Atmosphäre —, der Hauptanteil aber entsteht seit den 40er Jahren durch Menschenhand: Kernwaffentests und Kerntechnik. Während das natürliche steady-state Isotopenverhältnis ^{129}J/^{127}J bei $\geqq 10^{-14}$ liegt, wurden bereits in den 50er Jahren mancherorts Maximalwerte von 10^{-6} ermittelt, und heute liegt das Verhältnis im Mittel zwischen 10^{-8} bis 10^{-9}. Der Mensch ist durch Inhalation und durch den

Weide-Kuh-Milch-Pfad dieser Belastung ausgesetzt, und das Hauptanliegen dieser kleinen Schrift zielt auf eine Quantifizierung der Belastung ab.

Folgende Bemerkungen wären zu machen: Vielleicht sollte man an einigen Stellen direkt von Konzentrationen in Mengeneinheiten (g, µg) pro Volumeneinheiten sprechen, um damit ein leichteres Verständnis zu erreichen; schließlich sind bei allen oberirdischen Kernwaffentests „nur" rund 60 kg ^{129}J entstanden. Bei ^{129}J/^{127}J sollte besser von einem Isotopenverhältnis als von einem Atomverhältnis (S. 4, 6) gesprochen werden. Bei den Analysenverfahren wird auf die große Nachweisempfindlichkeit der NAA hingewiesen, die frei von Störungen durch andere Elemente wäre. Solche Störungen können aber durch ^{80}Br und ^{82}Br leicht eintreten, was nur mit Hilfe einer aufwendigen Meßtechnik umgangen werden kann.

Insgesamt kommt die Kommission zu der Aussage, daß eine radioökologische Belastung durch das ^{129}J für den Menschen nicht vorliegt, auch nicht in prognostischer Extrapolation für das Jahr 2000 und darüber hinaus. Daß durch das sich ständig verändernde Isotopenverhältnis des Jods auch eine Anwendung im Sinne der Umweltisotopenmethoden gegeben ist, kann erwartet werden — man sollte es verfolgen. Mit insgesamt 140 aktuellen Literaturhinweisen dürften Entsorgungsfachleute, Radiologen und Umweltgeochemiker eine sehr gute Einführung in dieses Gebiet vorfinden; eine empfehlenswerte Schrift über ein weiteres Problem unserer Gegenwart, das nicht aus dem Blickfeld verlorengehen sollte. *H. Hübner*

Grundlagen der Hydrologie

S. Dyck, G. Peschke. Berlin: VEB Verlag Bauwesen 1983 388 S., zahlr. Abb. und Tab.; geb. M 35,—

Die Autoren selbst bezeichnen das Buch, das in Inhalt, Aufmachung und Ausstattung ansprechend ist, als „Einführung in die Hydrologie": „Es soll den Studierenden Lehrbuch sein, die Vertreter verschiedener Disziplinen mit Grundlagen der Hydrologie vertraut machen und ihnen Anregungen und Hinweise für weitere Studien, Arbeiten und Untersuchungen geben". Diesem hohen Anspruch dient die folgende Konzeption:

Im Teil 1 (Übersicht) werden (in dieser Reihenfolge) der Gegenstand der Hydrologie; Wassermengen, Wasserkreislauf und Wasserbilanz der Erde; Energie- und Stoffhaushalt; die wichtigsten hydrologischen Prozesse und Systeme; Bemerkungen zur Geschichte der Hydrologie; Bedeutung der Hydrologie für die Volkswirtschaft und einige Hauptaufgaben der Hydrologie abgehandelt.

Teil 2 (Erfassung und Auswertung hydrologischer Daten) befaßt sich mit der Hydrometrie (22 S.) und der Auswertung hydrologischer Daten (21 S.). Teil 3 (Elemente des Wasserhaushalts) stellt diese Elemente, nämlich Niederschlag (18 S.), Verdunstung (24 S.), Abfluß (11 S.) und Speicherung (3 S.) vor. Im Teil 4 (Oberirdische Gewässer) werden die fließenden (30 S.) und die stehenden oberirdischen Gewässer (24 S.) dargestellt. Teil 5 (Unterirdisches Wasser) beschreibt das Wasser der Aerationszone (10 S.), das Grundwasser (8 S.), die Dynamik des unterirdischen Wassers (11 S.) und die Ermittlung der gesättigten hydraulischen Leitfähigkeit (4 S.). Teil 6 legt auf 48 Seiten die Niederschlag-Abfluß-Beziehungen dar, einschließlich einer Ganglinienanalyse und der Wasserstands- und Durchflußvorhersagen. Teil 7 befaßt sich mit Extremwerten des Durchflusses der Flüsse (28 S.), Teil 8 schließlich mit der Berechnung und Simulation des Wasserhaushaltes (20 S.). Sachwortverzeichnis und Verzeichnis der häufigsten Abkürzungen, Formelzeichen und Symbole runden das Ganze ab. Die Autoren, zwei erfahrene Hochschullehrer an der TU-Dresden, haben dem Buch ihr Gepräge durch eine methodisch-didaktisch und auf höchstem fachlichem Niveau stehende, gut durchgearbeitete Konzeption gegeben.

„Radioaktive Stoffe" werden bei Verdünnungsmessungen/Durchflußmessungen erwähnt: Als radioaktive Tracer werden Tritium, ^{24}Na, ^{51}Cr, ^{82}Br, ^{131}J genannt, sowie für Messungen der Abstandsgeschwindigkeiten im Grundwasser empfohlen. Im Sachwortverzeichnis findet man keinen Hinweis auf Isotopenmethoden, Tracer o. ä. Umweltnuklide, die international eine große Rolle in der Hydrologie spielen, sind nicht im Buchkonzept berücksichtigt worden. Diese Bemerkungen sind bei einer Besprechung angebracht, obwohl sie nicht als Mangel des Buches gesehen werden, da sie den Rahmen des von *Dyck* und *Peschel* vorgelegten Werkes sprengen würden.

Das Buch ist sehr empfehlenswert, gut lesbar, gut ausgestattet — es wird sicher weitere Auflagen erleben, bei denen sich dann auch kleinere, unwesentliche Mängel ausmerzen lassen (Abb. 7.1 ist um 180° zu drehen, das Sachwortverzeichnis zu ergänzen, die Beschaffenheitsproblematik u. E. gezielt mit Literatur zu untersetzen).

Den Autoren und dem Verlag ist für diese ausgezeichnete Leistung zu danken, allen im Vorwort erwähnten Fachdisziplinen ist das Buch wärmstens zu empfehlen.

H. Jordan

Palaeoclimates and Palaeowaters A Collection of Environmental Isotope Studies Proc. of an Advisory Group Meeting, Vienna, 25.—28. Nov. 1980

Vienna: IAEA 1983. 207 S., div. Abb. u. Tab. (Panel Proc. Series) — STI/PUB/621 —; karton. ÖS 410,—

Ende der siebziger Jahre wurden — besonders von *L. Merlivat* und *J. Jouzel* — neue Modellvorstellungen entwickelt, auf deren Grundlage die Isotopenzusammensetzung von Niederschlägen verschiedener Klimate aus den bei natürlichen Verdunstungs- und Kondensationsprozessen auftretenden Isotopieeffekten erklärt werden kann. Mit diesen Modellen lassen sich somit paläoklimatische Aussagen aus Isotopenmessungen an Niederschlägen der Vergangenheit gewinnen. Umgekehrt kann man auch aus der Kenntnis gegenwärtiger oder vergangener Klimabedingungen die Isotopenzusammensetzung der entsprechenden Niederschläge abschätzen. Die sich hieraus ergebende Möglichkeit der Identifikation von Paläogrundwasser ist von großer Bedeutung für die Ermittlung von Grundwasservorräten, insbesondere in ariden Gebieten, weil dort der Anteil des Paläogrundwassers an den Gesamtvorräten in der Regel relativ hoch ist. Die Nützlichkeit der Isotopenmethoden für paläoklimatische Untersuchungen und für die Identifikation von Paläogrundwasser einzuschätzen, war Anliegen des Advisory Group Meeting

„Variationen der Isotopenzusammensetzung des Niederschlages und des Grundwassers während des Quartärs als Folge von Klimaänderungen" der IAEA im November 1980 Die vorliegende Publikation, in der die meisten der auf dem Meeting dargebotenen Beiträge zusammengestellt sind, ist in vier Abschnitte mit einem Gesamtumfang von 200 Seiten gegliedert, drei davon beziehen sich auf paläoklimatische Fragestellungen, der vierte beschäftigt sich mit der isotopischen Identifikation von Paläogrundwässern.

In Abschnitt 1 sind 6 Beiträge unter dem Thema „Isotopenzusammensetzung natürlicher Wässer und Klima" zusammengefaßt. In ihnen wird die Abhängigkeit der Isotopenzusammensetzung des Niederschlags von Klimaparametern wie Temperatur und Luftfeuchtigkeit untersucht, und sie widmen sich der empirischen Verifikation entsprechender Modelle unter Verwendung der Deuterium- und ^{18}O-Daten des „IAEA/WMO Environmental Isotope in Precipitation Network". In dem Beitrag „Relationships between climatic changes and variations in isotopic composition of groundwater, precipitation and organic soil matter in the Quarternary period" von *V. I. Ferronski* u. a. wird auch Datenmaterial von Paläogrundwasser aus Gebieten der Sowjetunion und von polaren Eiskernen ausgewertet.

Möglichkeiten und Probleme der Rekonstruktion der Isotopenzusammensetzung von Paläowässern für paläoklimatische Untersuchungen sind in den beiden folgenden Abschnitten „Isotopenzusammensetzung organischen Materials" (3 Beiträge) und „Isotopenzusammensetzung von Sedimenten" (4 Beiträge) dargestellt. Die Isotopengehalte der Zellulose aquatischer und terrestrischer Pflanzen, des Phosphats von Säugetierknochen, der Wassereinschlüsse in Höhlensinter und der Schalen von Süßwasser-Mollusken in limnischen Sedimentablagerungen werden unter dem Aspekt ihrer Nutzung als paläoklimatische Indikatoren untersucht. Wie in der Arbeit von *H. Schwarcz* und *C. Yonge* „Isotopic composition of palaeowaters as inferred from speleothem and its fluid inclusions" gezeigt wird, ist Höhlensinter mit Wassereinschlüssen ein besonders geeignetes Material. Bei gleichzeitiger Datierung der Sinterschichten mit Hilfe von Messungen der Gehalte von Radionukliden der Uranium-Umwandlungsreihe ist es möglich, den zeitlichen Verlauf der Isotopenzusammensetzung des Niederschlags im betreffenden Untersuchungsgebiet während der vergangenen 300000 Jahre zu rekonstruieren.

Die drei Beiträge des vierten Abschnittes „Isotopenzusammensetzung von Paläogrundwasser" zeigen, daß die Isotopenmethoden in ariden und semi-ariden Gebieten zur Identifikation rezenter Zuflüsse und zu deren Abgrenzung von altem Grundwasser genutzt werden können. Den mitgeteilten Ergebnissen zufolge ist das Paläogrundwasser in der nördlichen und auch in der südlichen Sahara während des späten Pleistozän und des frühen Holozän gebildet worden. Die Isotopenzusammensetzung widerspiegelt die damals im Untersuchungsgebiet vorherrschenden humiden Klimabedingungen.

Die Schrift vermittelt zwar keinen vollständigen Überblick über den bis zum Jahr 1980 erreichten Stand bei der Erforschung der Klimageschichte mit Isotopenmethoden, umfaßt jedoch die wesentlichen Erkenntnisfortschritte und weist auf aktuelle Probleme und neue Fragestellungen hin. Sie ist somit in erster Linie für Fachleute dieser Spezialdisziplin geeignet. Schade, daß bis zu ihrem Erscheinen drei Jahre vergangen sind! *K. Fröhlich*

Ein inhaltsaddressierbares Speichersystem zur Unterstützung zeitkritischer Prozesse der Informationswiedergewinnung in Datenbanksystemen

M. Malms. Hrsg.: W. Brauer im Auftrag der Gesellschaft für Informatik (GI). Berlin — Heidelberg — New York — Tokyo: Springer-Verlag 1983. XII, 225 S., 67 Lit. (Informatik-Fachberichte Bd. 62); geheftet DM 29,50; approx. US-$ 12.80

Der von dem Mitarbeiter des Lehr- und Forschungsgebietes für Verfahren der Prozeßdatenverarbeitung und Prozeßführung der RWTH Aachen, *M. Malms*, verfaßte Bericht befaßt sich mit einem relativ neuen Gebiet der speziellen Hardware-Herstellung mit Projektierung einer Verarbeitungseinheit, die im wesentlichen ein inhaltsadressierbares Speichersystem darstellt, bei welchem eine Reihe von Zusatzfunktionen und -elementen eine schnelle Wiedergewinnung von Information unter Echtzeitbedingungen erlauben. Die Notwendigkeit der Entwicklung von innovativen Hardware-Systemen dieser Art leitet sich aus der zunehmenden Bedeutung der Prozeßdatenverarbeitung unter kritischen Zeitparametern und aus den immer deutlicher werdenden Grenzen der bisherigen rechnergestützten Informationssysteme des „*von Neumann*-Prinzips", vor allem bezüglich der Inhaltsadressierung und Parallelverarbeitung von Daten, ab. Der Autor stellt ein unkonventionelles Speichersystem vor, welches inhaltsorientierte Zugriffe auf tabellenartig strukturierte Datenbestände gestattet und somit den Prozeß der Informationswiedergewinnung in Datenbank-Systemen wesentlich beschleunigt. Das System kann als eine autonome Spezial-Hardware-Einheit angesehen werden, die über eine Parallelschnittstelle an jeden Universalrechner gekoppelt werden kann und besonders zur Unterstützung relationaler Datenbanksysteme ausgelegt wurde. Eine weitere Entwicklung des Systems läßt seinen Einsatz auf dem Gebiet der Mustererkennung und für komplizierte Auswerterechnungen bei Meßdatenverarbeitung zu. In den einzelnen Kapiteln des Buches werden die Entwurfs- und Realisierungsphasen des Speichers bis zur Herstellung eines funktionsfähigen Prototyps detailliert beschrieben. Das vom Autor entwickelte Speicherkonzept trägt der Tatsache Rechnung, daß für die Auswertung von naturwissenschaftlichen Experimenten Zugriffszeiten in der Größenordnung weniger Millisekunden bis zu einigen hundert Mikrosekunden gefordert werden, Zeiten also, welche in den auf Universalrechner implementierten Datenbanksystemen wegen einer aufwendigen Auslegung der internen Ebene nicht realisiert werden können.

Diese Reaktionszeiten können mit konventionellen Rechner- und Speichersystemen nur dann erreicht werden, wenn tiefgreifende Kompromisse hinsichtlich des Datenmodells und der Datenstrukturunabhängigkeit eingegangen werden. Bei weiterer Steigerung der Anforderungen hinsichtlich der Zugriffszeiten und der Komplexität der Suchfragen ist die Lösung der Probleme der Meßwerterfassung und -verarbeitung in Echtzeitbetrieb nur mit Hilfe spezieller Hardware-Systeme möglich. Der Autor formuliert vier Anforderungen an solche Systeme. Es sind dies: inhaltsadressierter Datenzugriff, paralleler Datenzugriff, Verlagerung der Selektion in die Peripherie und Einführung einer Datenbankmaschine. In der von ihm entwickelten Speicherkonzeption werden Ansätze zur Realisierung dieser Anforderungen sichtbar.

Das Buch kann als eine gute methodische Grundlage für die Entwickler aufgabenspezifischer Hardware-Lösungen für die Experimentauswertung dienen. *L. Jankowski*

Lexikon der Kybernetik

Im Auftrag des Zentralinstituts für Kybernetik und Informationsprozesse der Akademie der Wissenschaften der DDR herausgegeben von GÜNTER LAUX

(Übersetzung aus dem Russischen)

A–E

1980. 755 Seiten — 120 Abbildungen — 1 Falttafel — 19 Tabellen — 14,7 × 21,5 cm — Lederin DDR 70,— M; Ausland 70,— DM
Bestell-Nr. 762 1920 (6297/1)

F–L

1981. 642 Seiten — 135 Abbildungen — 15 Tabellen — 14,7×21,5 cm — Lederin DDR 60,— M; Ausland 60,— DM
Bestell-Nr. 762 1939 (6297/2)

M–R

1981. 704 Seiten — 123 Abbildungen — 12 Tabellen — 14,7×21,5 cm — Lederin DDR 65,— M; Ausland 65,— DM
Bestell-Nr. 762 6019 (6297/3)

S–Z

1981. 589 Seiten — 97 Abbildungen — 16 Falttafeln — 14,7×21,5 cm — Lederin DDR 55,— M; Ausland 55,— DM
Bestell-Nr. 762 6027 (6297/4)

Neu:
Ergänzungsband
Herausgegeben von GÜNTER LAUX

1985. Ca. 560 Seiten — 14,5 × 21,5 cm — Lederin DDR ca. 50,— M; Ausland ca. 50,— DM
Bestell-Nr. 763 4078 (6297/5)

Das vierbändige Nachschlagewerk enthält Textbeiträge aus den für die Kybernetik wichtigen Sachgebieten. Ausführlich werden die theoretischen Grundlagen — der mathematische Apparat, Informationstheorie, Systemtheorie, Spieltheorie sowie Algorithmen- und Automatentheorie — dargestellt und Kenntnisse über Prinzipien und Methoden der Programmierung vermittelt. Die wichtigsten Rechnertypen werden beschrieben; einen breiten Raum nehmen Probleme der Steuerung technischer Systeme und technologischer Prozesse sowie die Optimierung der Wechselwirkung zwischen Mensch und Maschine in komplizierten Steuerungssystemen ein.

Bitte richten Sie Ihre Bestellungen an eine Buchhandlung

AKADEMIE-VERLAG · BERLIN
DDR-1086 Berlin, Leipziger Str. 3–4

ISOTOPENPRAXIS

Band 21 1985 Heft 1

Contents / Inhalt

►Language of Publication

►Publikationssprache

Isotopenpraxis is indexed in Current Contents/PC & ES, Science Citation Index, and INIS Atomindex

Bei Fragen zur Produktsicherheit wenden Sie sich bitte an:
If you have any questions regarding product safety,
please contact:

Walter de Gruyter GmbH
Genthiner Straße 13
10785 Berlin
productsafety@degruyterbrill.com